全国高等职业教育机电类专业“十二五”规划教材

变频器应用技术项目教程

方玉龙　吕洪善　主　编

仝海燕　王玉香　副主编

程　周　主　审

中国铁道出版社
CHINA RAILWAY PUBLISHING HOUSE

内容简介

本书以“工作过程导向”为主线，采用项目式的教学方法来编写，将变频器技术及应用分成6个项目共20个学习性任务组织实施“教、学、做”一体化教学。本书各项目分别设置了学习目标、任务描述、任务分析、知识导航、任务实施、项目实训、思考与练习等环节，主要侧重变频器的操作和应用。在选型上，本书以三菱变频器相关机型进行介绍，内容主要包括变频器的基础知识，变频器的基本使用方法，变频器的控制方式，变频调速系统的基本控制电路，变频器的选择、安装及维护，变频器的工程应用等。

本书适合作为高职高专院校电气自动化技术、数控技术、机电一体化技术、应用电子技术等专业的教材，也可供工程技术人员参考或作为培训教材。

图书在版编目（CIP）数据

变频器应用技术项目教程/方玉龙，吕洪善主编．—北京：中国铁道出版社，2013.2（2017.1重印）
全国高等职业教育机电类专业“十二五”规划教材
ISBN 978－7－113－15752－4

Ⅰ.①变…　Ⅱ.①方…②吕…　Ⅲ.①变频器－高等职业教育－教材　Ⅳ.①TN773

中国版本图书馆CIP数据核字（2012）第299567号

书　　名：变频器应用技术项目教程
作　　者：方玉龙　吕洪善　主编

策划编辑：秦绪好　王春霞
责任编辑：秦绪好　彭立辉
封面设计：刘　颖
封面制作：白　雪
责任印制：李　佳

出版发行：中国铁道出版社（100054，北京市西城区右安门西街8号）
网　　址：http://www.51eds.com
印　　刷：三河市宏盛印务有限公司
版　　次：2013年2月第1版　2017年1月第2次印刷
开　　本：787mm×1 092mm　1/16　印张：11.75　字数：279千
印　　数：3 001~4 000册
书　　号：ISBN 978-7-113-15752-4
定　　价：28.00元

FOREWORD | 前言

为贯彻《国务院关于大力发展职业教育的决定》，落实“以人为本、可持续发展”的科学发展观，实施“高技能教育、高技能就业、高技能成才”的现代职业教育战略，推行以“职业行动导向”教学的课程体系开发与教学改革，我们组织编写了“职业行动导向”教学系列教材。

本书以现代学习理论为编写依据，渗透现代教育理念、课程理念及“职业行动导向”教学理念；以工作任务为基本内容编写单位，以整合的理念（以“任务”为整合的中心，以知识、技能、情感及职业行为为整合的元素）编写。在“任务”的设计上，突出以学生为中心，注重学习资源和学习环境的设计，注重教法与学法的渗透，注重能力的培养和职业行为的养成，突出了职业教育的特点。

本书以能力建设为核心，将知识、技能以及态度等要素进行重新整合，突破传统学科教育对学生技术应用能力培养的局限，以项目架构实训教学体系；在教材建设中采用“必需、够用”，有足够技能实训内容的原则；注重学生的实际能力以及知识的完整性，保证其通用性，打破原有教材的编写习惯；更加适合学生学习的需要，达到知识的传递、技能与职业能力培养的有机结合。

本书由方玉龙、吕洪善任主编，仝海燕、王玉香任副主编，程周主审。其中，项目一、项目三由方玉龙编写；项目二、项目四由吕洪善编写；项目五由仝海燕、王玉香共同编写；项目六由方玉龙和吕洪善共同编写。安徽职业技术学院程周主任在百忙之中仔细、认真地审读了全书，并提出了许多宝贵的意见。在编写过程中编者参阅了许多同行专家的著作、文献，在此一并表示诚挚谢意。

由于时间仓促，编者水平有限，疏漏与不妥之处在所难免，敬请广大读者批评指正。

编　者

2012年12月

CONTENTS | 目 录

项目1　变频器基本认识

变频器技术是一门综合性的技术，它建立在控制技术、电力电子技术、微电子技术和计算机技术的基础之上，并随着这些基础技术的发展而不断得到发展。

变频器即电压频率变换器，是一种将固定频率的交流电变换成频率、电压连续可调的交流电，以供给电动机运转的电源装置。变频器的问世，使电气传动领域发生了一场技术革命，即交流调速取代直流调速。交流电动机变频调速主要应用在节能、自动化系统及提高工艺水平和产品质量等方面，已被公认为最理想、最有发展前途的调速方式之一。本项目中，以三菱 FR－A540 带面板的 FR－DU04 变频器为例，通过对变频器的认识、面板的拆装、调试以及维护等任务的训练，以及对变频器中常用开关器件特点的了解，使学生对变频器有一定的认识。

学习目标

一、知识目标

① 了解变频器在各种行业上的应用。
② 掌握通用变频器的基本结构及其各部分的作用。
③ 理解通用变频器的基本工作原理。
④ 了解功率晶体管、绝缘栅双极晶体管的结构及其驱动。

二、技能目标

① 认识变频器。
② 变频器面板的拆装。
③ 变频器的基本操作。

任务1　变频器的选购

任务描述

在实际的生产过程中离不开电力传动。生产机械通过电动机的拖动来进行预定的生产方式。20 世纪 70 年代前，电动机运行的基本方式是转速不变的定速拖动。对于控制精度要求不高以及无调速要求的许多场合，定速拖动基本能够满足生产要求。随着工业化进程的发展，对传动方式提出了可调速拖动的更高要求。

用直流电动机可方便地进行调速，但直流电动机体积大、造价高，并且无节能效果。而交流电动机体积小、价格低廉、运行性能优良、重量轻，因此对交流电动机的调速具有重大的实用性。使用调速技术后，生产机械的控制精度可大为提高，并能够较大幅度地提高劳动生产率和产品质量，且对诸多生产过程实施自动控制。通过大量的理论研究和实验，人们认识到：对交流电动机进行调速控制，不仅能使电力拖动系统具有非常优良的控制性能，而且在许多生产场合，还具有非常显著的节能效果。鉴于此，交流变频调速技术获得了迅速发展和广泛的应用。因此认识一些变频器也显得尤为必要。目前，国内外变频器的种类很多，图 1-1 为常见的几种变频器的外形。对于不同种类的变频器它们是怎么分类的呢？我们在选购变频器的时候一般根据有哪些？

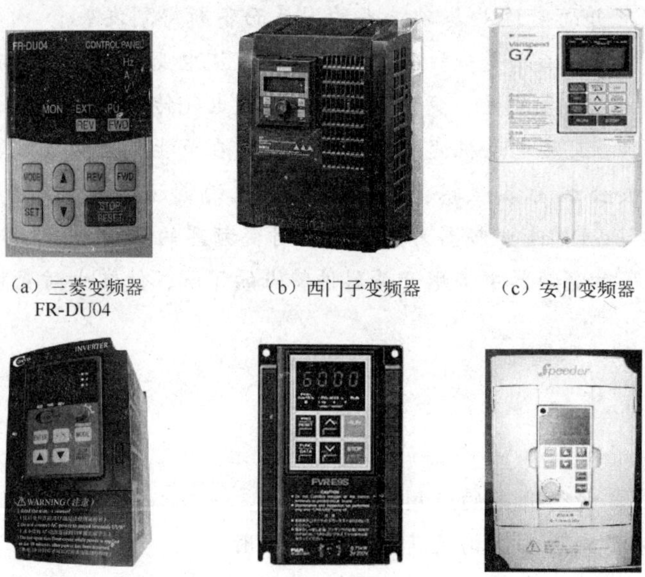

（a）三菱变频器 FR-DU04　（b）西门子变频器　（c）安川变频器

（d）台达变频器　（e）富士变频器　（f）伦茨变频器

图 1-1　常见变频器的外形

任务分析

目前，国内外变频器的种类很多，分类方法也很多，常见的分类方法有：按变频的原理分类、按变频器的控制方式分类、按用途分类、按直流电源性质分类和按输出电压调节方式分类。变频调速已被公认为最理想、最有发展前途的调速方式之一，其优势主要体现在节能方面的应用、在自动化系统中的应用和在提高工艺水平和产品质量方面的应用。我们一般在购买变频器的时候，选购的方法有：根据负载、根据用户应用的生产机械的具体情况、根据可靠性、根据价格和根据功率模块等选购变频器。

知识导航

一、变频器技术的发展历史

直流电动机拖动和交流电动机拖动先后诞生于 19 世纪，距今已有 100 多年的历史，并已成为动力机械的主要驱动装置。但是，由于技术上的原因，在很长一段时期内，占整个电力拖动系80%左右的不变速拖动系统中采用的是交流电动机（包括异步电动机和同步电动机），而在需要进行调速控制的拖动系统中则基本上采用的是直流电动机。

但是，由于结构上的原因，直流电动机存在以下缺点：

① 需要定期更换电刷和换向器，维护保养困难，寿命较短；

② 由于直流电动机存在换向火花，难以应用于存在易燃易爆气体的恶劣环境；

③ 结构复杂，难以制造大容量、高转速和高电压的直流电动机。

与直流电动机相比，交流电动机具有以下优点：

① 结构坚固，工作可靠，易于维护保养；

② 不存在换向火花，可以应用于存在易燃易爆气体的恶劣环境；

③ 容易制造出大容量、高转速和高电压的交流电动机。

因此，很久以来，人们希望在许多场合下能够用可调速的交流电动机来代替直流电动机，并在交流电动机的调速控制方面进行了大量的研究开发工作。虽然改变定子侧的电流频率就可以调节转速，是由异步电动机的基本原理所决定的，是异步电动机“与生俱来”的，但是，异步电动机诞生于19世纪80年代，而变频调速技术发展到迅速普及的实用阶段，却是在20世纪80年代，整整经历了一个世纪。

是什么原因使变频调速技术从愿望到实现经历了长达百年之久？

首先，从目前迅速普及的“交—直—交”变频器的基本结构来看，“交→直”（由交流变直流）的整流技术很早就解决了。而“直→交”（由直流变交流）的逆变过程实际是不同组合的开关交替地接通和关断的过程，它必须依赖于满足一定条件的开关器件。这些条件是：

① 能承受足够大的电压和电流；

② 允许长时间频繁地接通和关断；

③ 接通和关断的控制必须十分方便。

直至20世纪70年代，电力晶体管（GTR）的开发成功，才基本上满足了上述条件，从而为变频调速技术的开发、发展和普及奠定了基础。

20世纪80年代，又进一步开发成功了绝缘栅双极型晶体管（IGBT），其工作频率比GTR提高了一个数量级，从而使变频调速技术又向前迈进了一步。目前，中小容量的新系列变频器中的逆变部分，已基本上被IGBT垄断。

其次，由于电动机绕组中反电动势的大小是和频率成正比的，因此在改变频率的同时还必须改变电压，故变频器常简写成VVVF。VVVF的实现，虽然不如逆变电路那样对于开关器件具有强烈的依赖性，但简化到足以推广普及的阶段，却是在20世纪70年代提出了正弦波脉宽调制技术（SPWM）并不断完善之后。

二、变频器的分类

目前，国内外变频器的种类很多，可按以下几种方式进行分类：

1. 按变频的原理分类

(1) 交—直—交变频器

交—直—交变频器首先将频率固定的交流电整流成直流电，经过滤波，再将平滑的直流电逆变成频率连续可调的交流电。由于把直流电逆变成交流电的环节较易控制，因此在频率的调节范围内，以及改善频率后电动机的特性等方面都有明显的优势。目前，此种变频器已得到普及。

（2）交—交变频器

交—交变频器是将频率固定的交流电源直接变换成频率连续可调的交流电源，其主要优点是没有中间环节，变换效率高。但其连续可调的频率范围较窄，一般在额定频率的1/2以下（$0 < f < f_N/2$），故主要用于容量较大的低速拖动系统中。

2. 按变频器的控制方式分类

（1）u/f控制变频器

u/f控制变频器的特点是对变频器输出的电压和频率同时进行控制，通过使u/f的值保持一定而得到所需的转矩特性，多用于对精度要求不高的通用变频器。

（2）转差频率控制变频器

转差频率控制是对u/f控制的一种改进，这种控制需要由安装在电动机上的速度传感器检测出电动机的转速，构成速度闭环，速度调节器的输出为转差频率，而变频器的输出频率则由电动机的实际转速与所需转差频率之和决定。由于通过控制转差频率来控制转矩和电流，其加减速特性和限制过电流的能力得到提高。

（3）矢量控制变频器

基本思路是：将电动机的定子电流分为产生磁场的励磁电流和与其垂直的产生转矩的转矩电流，并分别加以控制。由于这种控制方式中必须同时控制电动机定子电流的幅值和相位，即定子电流的矢量。

（4）直接转矩控制

直接转矩控制（Direct Torque Control，DTC）是把转矩直接作为控制量来控制。直接转矩控制的优越性在于：控制转矩是控制定子磁链，在本质上并不需要转速信息；控制除定子以外的所有电动机的参数变化，有良好的健壮性；所引入的定子磁链观测器能很容易估算出同步速度信息，因而能方便地实现无速度传感器化。

3. 按用途分类

（1）通用变频器

通用变频器是指能与普通的笼形电动机配套使用，能适应各种不同性质的负载，并具有多种可供选择功能的变频器。

（2）高性能专用变频器

高性能专用变频器主要应用于对电动机控制要求较高的系统，大多数采用矢量控制方式，驱动对象通常是变频器厂家指定的专用电动机。

（3）高频变频器

超精密加工和高性能机械中，常常要用到高速电动机，为了满足这些高速电动机的驱动要求，出现了采用PAM（脉冲幅值调制）控制方式的高频变频器，其输出频率可达到3 kHz。

4. 按直流电源性质分类

（1）电压型变频器

电压型变频器的特点是中间直流环节的储能元件采用大电容，负载的无功功率将由它来缓冲，直流电压比较平稳，直流电源内阻较小，相当于电压源，故称电压型变频器，常选用于负载电压变化较大的场合。

(2) 电流型变频器

电流型变频器的特点是中间直流环节采用大电感作为储能环节，缓冲无功功率，即扼制电流的变化，使电压接近正弦波。由于该直流内阻较大，故称电流源型变频器（电流型）。电流型变频器的特点（优点）是能扼制负载电流频繁而急剧的变化，常用于负载电流变化较大的场合。

5. 按输出电压调节方式分类

变频调速时，需要同时调节逆变器的输出电压和频率，以保证电动机主磁通的恒定。对输出电压的调节主要有 PAM 方式、PWM 方式和高载波变频率 PWM 方式。

(1) PAM 方式

脉冲幅值调节方式简称 PAM 方式，是通过改变直流电压的幅值进行调压的方式。在变频器中，逆变器只负责调节输出频率，而输出电压的调节则由相控整流器或直流斩波器通过调节直流电压去实现。采用此种方式，当系统在低速运行时，谐波与噪声都比较大，只有在与高速电动机配套的高速变频器中才采用。

(2) PWM 方式

脉冲宽度调制方式简称 PWM 方式。变频器中的整流电路采用不可控的二极管整流电路，变频器的输出频率和输出电压的调节均由逆变器按 PWM 方式来完成。利用参考电压波与载频三角波互相比较，来决定主开关器件的导通时间，从而实现调压。利用脉冲宽度的改变来得到幅值不同的正弦基波电压。这种参考信号为正弦波、输出电压平均值近似为正弦波的 PWM 方式，称为正弦 PWM 调制，简称 SPWM 方式。通用变频器中常采用 SPWM 方式调压。

(3) 高载波变频率 PWM 方式

此种方式与上述 PWM 方式的区别仅在于调制频率有了很大的提高。主开关器件的工作频率较高，常采用 IGBT 或 MOSFET 为主开关器件，开关频率为 10～20 kHz，可以大幅度地降低电动机的噪声，达到静音水平。

三、变频器的应用

变频调速已被公认为最理想、最有发展前途的调速方式之一，它的优势主要体现在以下几个方面：

1. 变频器在节能方面的应用

变频器节能主要表现在风机、水泵的应用上。风机、泵类负载采用变频调速后，节电率为 20%～60%，这是因为风机、泵类负载的实际消耗功率基本与转速的三次方成比例。当用户需要的平均流量较小时，风机、泵类采用变频调速使其转速降低，节能效果非常明显。而传统的风机、泵类采用挡板和阀门进行流量调节，电动机转速基本不变，耗电功率变化不大。据统计，风机、泵类电动机用电量占全国用电量的 31%，占工业用电量的 50%。在此类负载上使用变频调速装置具有非常重要的意义。目前，应用较成功的有恒压供水、各类风机、中央空调和液压泵的变频调速，如图 1-2、图 1-3、图 1-4 所示。

图 1-2　变频器在风机上的应用

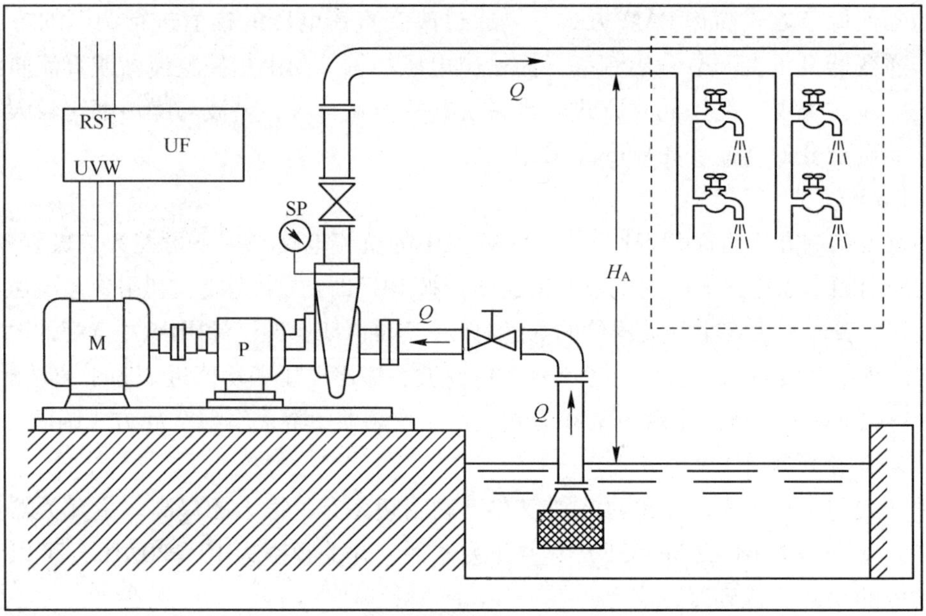

图 1-3　变频器在水泵节能恒压供水中的应用

图 1-4　变频器在恒压、恒液位供水系统的应用

2. *在自动化系统中的应用*

由于变频器内置有32位或16位的微处理器，具有多种算术逻辑运算和智能控制功能，输出频率精度为0.1%～0.01%，且设置有完善的检测、保护环节，因此，在自动化系统中获得广泛应用。例如：化纤工业中的卷绕、拉伸、计量、导丝；玻璃工业中的平板玻璃退火炉、玻璃窑搅拌、拉边机、制瓶机；电弧炉自动加料、配料系统以及电梯的智能控制等。变频器在数控机床控制、汽车生产线、造纸和电梯上的应用如图1-5所示。

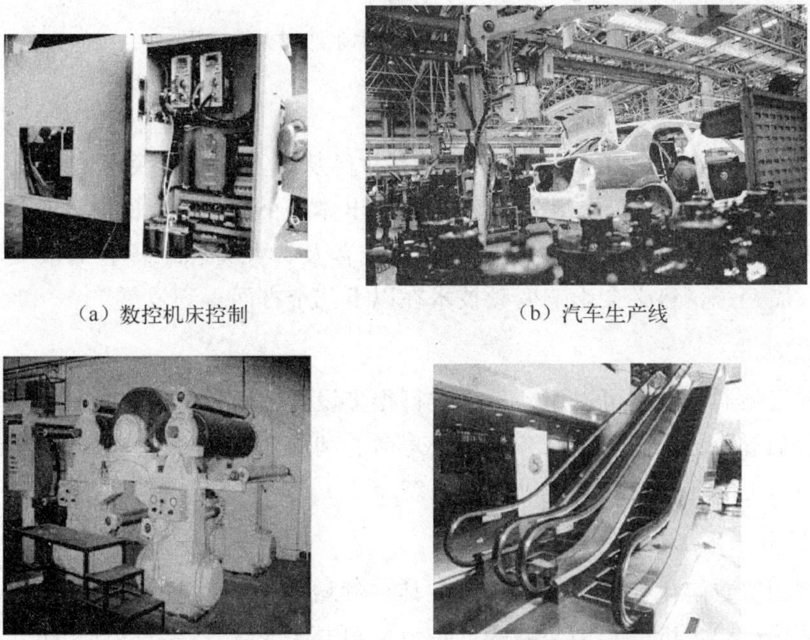

（a）数控机床控制　（b）汽车生产线　（c）造纸　（d）电梯

图1-5　变频器在自动化系统中的应用

3. *在提高工艺水平和产品质量方面的应用*

变频器还可以广泛应用于传送、起重、挤压和机床等各种机械设备控制领域，它可以提高工艺水平和产品质量，减少设备的冲击和噪声，延长设备的使用寿命。采用变频调速控制后，使机械系统简化，操作和控制更加方便，有的甚至可以改变原有的工艺规范，从而提高了整个设备的功能。例如，纺织和许多行业用的定型机，机内温度是靠改变送入热风的多少来调节的。输送热风通常用的是循环风机，由于风机速度不变，送入热风的多少只有用风门来调节。如果风门调节失灵或调节不当就会造成定型机失控，从而影响成品质量。循环风机高速启动，传动带与轴承之间磨损非常厉害，使传动带变成了一种易耗品。在采用变频调速后，温度调节可以通过变频器自动调节风机的速度来实现，解决了产品质量问题。此外，变频器能够很方便地实现风机在低频低速下启动并减少了传动带与轴承之间的磨损，还可以延长设备的使用寿命，同时可以节能40%。变频器在保温棉生产线上的应用如图1-6所示。

图 1-6　变频器在保温棉生产线上的应用

四、变频器技术的发展方向

在进入 21 世纪的今天，电力电子器件的基片已从 Si（硅）变换为 SiC（碳化硅），使电力电子新元件耐高压、低功耗、耐高温，并制造出体积小、容量大的驱动装置。目前，永久磁铁电动机也正在开发研制之中，IT 技术的迅速普及、人类思维理念的改变，以及变频器相关技术的发展趋势，势必会影响变频技术在以下几个方面得到发展。

1. 网络智能化

智能化的变频器买来就可以用，不必进行很多设置，而且可以进行故障自诊断、遥控诊断以及部件自动置换，从而保证变频器的长寿命。利用互联网可以实现多台变频器联动，甚至是以工厂为单位的变频器综合管理控制系统。

2. 专门化和一体化

变频器的制造专门化，可以使变频器在某一领域的性能更强，如风机、水泵用变频器、电梯专用变频器、起重机械专用变频器、张力控制专用变频器等。除此以外，变频器有与电动机一体化的趋势，使变频器成为电动机的一部分，可以使其体积更小，控制更方便。

3. 环保无公害

保护环境，制造“绿色”产品是人类的新理念。21 世纪的电力拖动装置应着重考虑节能，变频器能量转换过程的低公害，使变频器在使用过程中的噪声、电源谐波对电网的污染等问题减少到最小程度。

4. 适应新能源

现在以太阳能和风力为能源的燃料电化以其低廉的价格崭露头角，有后来居上之势。这些发电设备的最大特点是容量小而分散，将来的变频器就要适应这样的新能源，既要高效，又要低耗。

任务实施

根据以上知识下面介绍一下，如何选购合适的变频器。

1. 根据负载选购变频器

电动机所带动的负载不一样，对变频器的要求也不一样。

① 风机和水泵是最普通的负载：对变频器的要求最为简单，只要变频器容量等于电动机容量即可（空压机、深水泵、泥沙泵、快速变化的音乐喷泉需加大容量）。

② 起重机类负载：这类负载的特点是启动时冲击很大，因此要求变频器有一定余量。同时，在重物下放肘，会有能量回馈，因此要使用制动单元或采用共用母线方式。

③ 不均行负载：有的负载有时轻，有时重，此时应按照重负载的情况来选择变频器容量，例如轧钢机机械、粉碎机械、搅拌机等。

④ 大惯性负载：如离心机、冲床、水泥厂的旋转窑，此类负载惯性很大，因此启动时可能会振荡，电动机减速时有能量回馈。应该用容量稍大的变频器来加快启动，避免振荡。配合制动单元消除回馈电能。

2. 用户应根据生产机械的具体情况选购

如果是挖土机，应选择具有转矩控制功能的高功能专用型变频器，因为这种变频器低速转矩大，静态机械特性硬度大，不怕负载冲击，可以通过加大电动机和变频器容量的办法，提高低速转矩；

如果是控制压缩机，由于压缩机的转矩特性比较复杂，尤其是起动转矩很大，因此应选择转矩特性好和具有限流功能的高性能矢量变频器。如果是造纸、化纤设备用，应选择高精度、高响应特性的闭环矢量变频器。

3. 根据可靠性选购变频器

采用变频器的目的就是提高生产效率，如果性能虽好但可靠性不好，经常出问题，那就得不偿失。我国国土辽阔，南方地区常年高温潮湿，沿海地区则以盐腐蚀为主，这些都会造成设备绝缘下降；北方气候干燥，容易产生静电，冬夏温差大；每个企业的生产环境更是千差万别，这些因素都是在选购变频器时应考虑的。有的变频器性能虽然很好，但环境适应能力差，就有可能经常出故障影响生产。

4. 根据价格选购变频器

这是选购变频器时主要考虑的因素，但如果片面追求低价格，往往会导致质量与可靠性的下降，因为变频器中的功率器件和主回路电解电容约占 70% 的成本，有些厂家为了降低成本，用耐压 1 000 V 的模块代替 1 200 V 的模块，用电流 25 A 的代替 30A 的，用普通低频电解电容代替变频器专用高频电解电容，这种变频器在正常情况下或短时间内使用不会发现有什么问题，但是由于模块的功率余量降低了，一旦碰上电动机堵转、电网瞬时高电压、持续高温等情况，就很容易损坏。

5. 根据功率模块选购变频器

现已普遍的变频器关键器件的功率模块是 IGBT 模块和 IPM 智能功率模块，特别是 IPM 模块，虽然成本较高，但由于模块内部具有过流、短路、欠压、输出接地、过热等保护功能，一旦发生异常，模块内部立即自行保护，然后再通过外部保护电路进行二次保护，烧模块的可能性大为降低，可靠性显著提高。而采用 GTR 模块的产品，由于 GTR 自身无保护功能，外部保护电路和推动电路又很复杂，一旦保护跟不上，模块顷刻间就烧毁。有的厂家为了降低成本，仍采用 GTR 模块，这也是选购变频器时需要注意的。

在安装变频器时也要注意，安装地点必须符合标准环境的要求，否则易引起故障或缩短使用寿命；变频器与驱动马达之间的距离一般不超过 50 m，若需更长的距离则需降低载波频率或增加输出电抗器选件才能正常运转。

最后，要选择选择具有良好技术实力与售后服务的生产厂家或经销商，再好的产品都有出故障的可能，只有具有良好技术实力的生产厂家或经销商，可以获得周到的技术服务，免除后顾之忧。

综合评价

完成任务后，对照下表，查看这些能力点是否都掌握了，在相应的方框中打勾。

序　号	能 力 点	掌握情况
1	变频器类型的分析	□是　□否
2	变频器的应用	□是　□否
3	变频器技术的发展方向	□是　□否

思考与练习

1. 什么是变频器？变频器的作用是什么？
2. 变频器的发展趋势是什么？
3. 按照用途变频器有哪些种类？其中电压型变频器和电流型变频器的主要区别是什么？
4. 简述变频器的主要应用场合。

任务 2　变频器的认识

任务描述

随着工农业生产对调速性能要求的不断提高和电力电子、微电子及计算机控制等技术的迅速发展，变频调速技术日趋成熟，传统的直流调速系统将逐渐被变频调速系统所取代。变频调速是通过变频器来实现的，那么变频器是由哪些部分组成的？各部分的作用是什么？它是如何实现变频调速的？

任务分析

变频器的内部结构相当复杂，除了电力电子器件组成的主电路外，还有以微处理器为核心的运算、检测、保护、驱动、隔离等控制电路。对大多数用户来说，变频器是作为整体设备使用的，因此，我们可以不必探究其内部电路的原理，但对变频器的基本结构进行了解还是很有必要的。图 1-7、图 1-8 所示为三菱 FR－A540 变频器的外观和结构图。

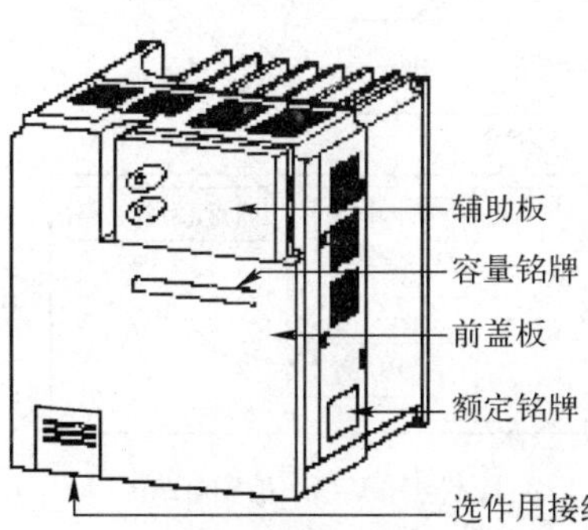

图 1-7　前视图

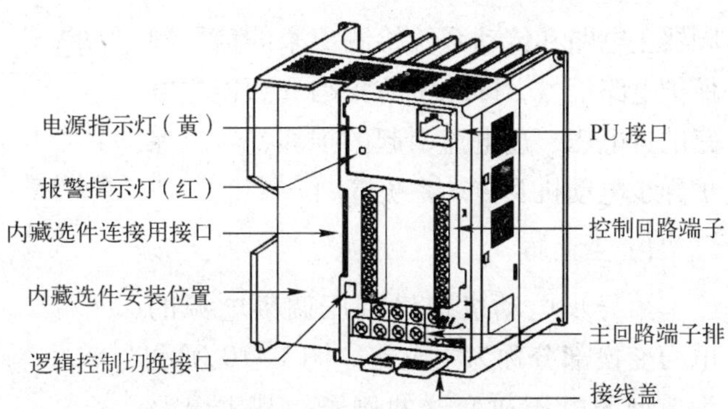

图 1-8　拆掉前盖板和辅助盖板后的结构图

知识导航

一、认识变频器

从外部结构上看，变频器有开启式和封闭式两种。开启式的散热性能好，但接线端子外露，适用于在电气柜内进行安装；封闭式的接线端子全部在内部，不打开盖子是看不见的。这里所讲的变频器是封闭式的。

1. 三菱变频器的外形

三菱面板 FR－DU04 变频器的外形如图 1-1（a）所示。其中间有按键和显示窗的部件是参数单元，也叫操作单元，左上角有两个指示灯，上面的是电源指示灯，下面的是报警指示灯，电源进线和接电动机的出线孔在变频器的下部，图中看不见。

2. 变频器的内外结构

变频器前盖板及操作面板，如图 1-7 所示。拆卸前盖板和操作面板后的结构如图 1-8 所示。

3. 功能单元简介

通用变频器的功能单元根据变频器生产厂家的不同而千差万别，但是它们的基本功能相同。其主要功能如下：

① 显示频率、电流、电压等参数。

② 设置操作模式、操作命令、功能码等。

③ 读取变频器运行信息和故障报警信息。

④ 监视变频器运行状况。

⑤ 变频器运行参数的自整定。

⑥ 故障报警状态的复位。

二、变频器的构成

异步电动机用变频器调速运转时的结构图如图 1-9 所示。通常由变频器主电路（IGBT、BJT 或 GTO 做逆变元件）给异步电动机提供调压调频电源。此电源输出的电压或电流及频率，由控制回路的控制指令进行控制。对于需要更精密速度或快速响应的场合，运算还应包含由变频器主电路和传动系统检测出来的信号和保护电路信号，即除了防止因变频器主电路的过电压、过电流引起的损坏，还应保护异步电动机及传动系统等。

1. 主电路

给异步电动机提供调压调频电源的电力变换部分称为主电路。图 1-10 所示为典型的电压逆变器的例子，其主电路由三部分构成。

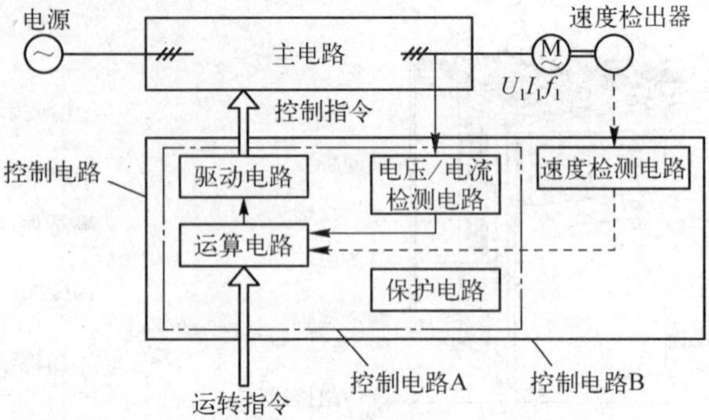

图 1-9 变频器的构成

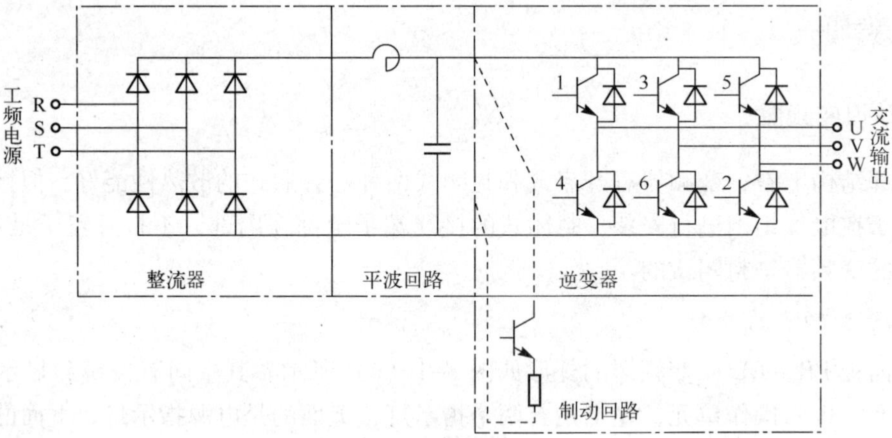

图 1-10 典型的电压型逆变器

(1) 整流器

目前大量使用的是二极管的变流器（见图 1-10），它把工频电源变换为直流电源。

(2) 平波回路

在整流器整流后的直流电压中，含有电源 6 倍频率的脉动电压，此外逆变流器产生的脉动电流也使直流电压变动。为了抑制电压波动，采用电感和电容吸收脉动电压（电流）。装置容量小时，如果电源和主电路的构成器件有余量，可以省去电感采用简单的平波回路。

(3) 逆变器

同整流器相反，逆变器的作用是将直流电源变换为所要求频率的交流电源，根据 PWM 控制信号使 6 个开关器件导通、关断，就可以得到三相频率可变的交流输出。

(4) 制动回路

异步电动机在再生制动区域使用时（转差率为负），再生能量储存于平波回路电容器中，使直流电压升高。一般来说，由机械系统（含电动机）惯量积蓄的能量比电容能储存的能量大，需要快速制动时，可用可逆变流器向电源反馈或设置制动回路（开关和电阻）把再生功率消耗掉，以免直流电路电压上升。

2. 控制电路

给异步电动机供电（电压、频率可调）的主电路提供控制信号的回路，称为控制电路如图1-9所示，控制电路由以下电路组成：频率、电压的“运算电路”、主电路的“电压/电流检测电路”、电动机的“速度检测电路”、将运算电路的控制信号进行放大的“驱动电路”，以及逆变器和电动机的“保护电路”。

在图1-9所示的点画线内，仅以控制电路A部分构成控制电路时，无速度检测电路，为开环控制。在控制电路B部分增加了速度检测电路，即增加了速度指令，可以对异步电动机的速度进行更精确的闭环控制。

（1）控制电路的组成

① 运算电路：将外部的速度、转矩等指令同检测电路的电流、电压信号进行比较运算，决定逆变器的输出电压、频率。

② 电压/电流检测电路：与主回路电位隔离，检测电压、电流等。

③ 驱动电路：驱动主电路器件的电路，可使主电路器件导通、关断。

④ 速度检测电路：以装在异步电动机轴上的速度检测器（TG、PLG等）的信号为速度信号，送入运算回路，根据指令和运算可使电动机按指令速度运转。

⑤ 保护电路：检测主电路的电压、电流等，当发生过载或过电压等异常时，为了防止逆变器和异步电动机损坏，使逆变器停止工作或抑制电压、电流值。

（2）保护电路的组成

① 逆变器保护：

- 瞬时过电流保护：由于逆变器负载侧短路等，流过逆变器器件的电流达到异常值（超过容许值）时，瞬时停止逆变器运转，切断电流。变流器的输出电流达到异常值，也同样停止逆变器运转。
- 过载保护：逆变器输出电流超过额定值，且持续流通达规定的时间以上，为了防止逆变器器件、线路等损坏要停止运转。恰当的保护需要反时限特性，采用热继电器或者电子热保护（使用电子电路）。过负载是由于负载的GD^2（惯性大小）过大或因负载过大使电动机堵转而产生的。
- 再生过电压保护：采用逆变器使电动机快速减速时，由于再生功率直流电路电压将升高，有时会超过容许值。可以采取停止逆变器运转或停止快速减速的办法，防止过电压。
- 瞬时停电保护：对于数毫秒以内的瞬时停电，控制电路工作正常。但瞬时停电时间在10 ms以上时，通常会使控制电路误动作，主电路也不能供电，所以检出后使逆变器停止运转。
- 接地过电流保护：逆变器负载侧接地时，为了保护逆变器，有时要有接地过电流保护功能。但为了确保人身安全，需要装设漏电断路器。
- 冷却风机异常：有冷却风机的装置，当风机异常时装置内温度将上升，因此采用风机热继电器或器件散热片温度传感器，检出异常后停止逆变器。

② 异步电动机的保护：

- 过载保护：过载检出装置与逆变器保护共用，但要考虑低速运转过热时，在异步电动机内埋入温度检出器，或者利用装在逆变器内的电子热保护来检出过热。动作频繁时，可以考虑减轻电动机负载、增加电动机及逆变器容量等。

- 超频（超速）保护：逆变器的输出频率或者异步电动机的速度超过规定值时，停止逆变器运转。

③ 其他保护：

- 防止失速过电流：急加速时，如果异步电动机跟踪迟缓，则过电流保护电路动作，运转就不能继续进行（失速）。所以，在负载电流减小之前要进行控制，抑制频率上升或使频率下降。对于恒速运转中的过电流，也进行同样的控制。
- 防止失速再生过电压：减速时产生的再生能量使主电路直流电压上升，为了防止再生过电压保护电路动作，在直流电压下降之前要进行控制，抑制频率下降，防止失速再生过电压。

三、变频调速的基本原理

交流异步电动机的转速表达式为：

$$n=\frac{60f_1}{p}(1-S)$$

式中：

n：异步电动机的转速，r/min；

f_1：电源的频率，Hz；

S：电动机转差率；

p：电动机极对数。

由上式可见转速 n 与频率 f 成正比。如果不改变电动机的极数，只要改变频率 f 即可改变电动机的转速，当频率 f 在 0～50 Hz 范围内变化时，电动机转速调节范围非常宽。变频器就是通过改变电动机电源频率实现速度调节的。

四、变频器的铭牌

通用变频器的铭牌主要包含型号、输入电源规格、最大输出电流等内容，使用变频器必须遵守铭牌上的有关说明。变频器的铭牌如图 1–11 所示。

变频器的型号说明如图 1–12 所示。

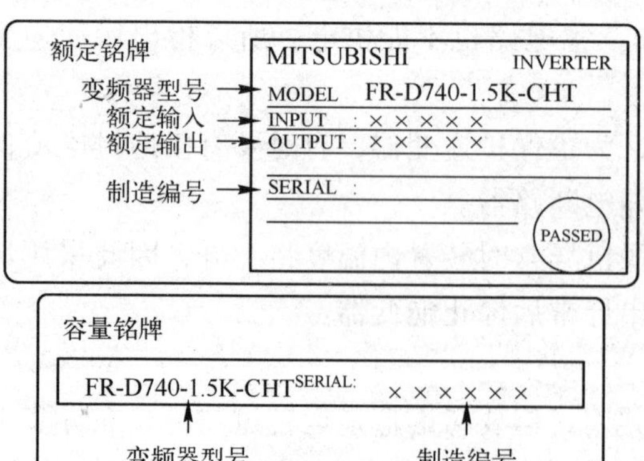

图 1–11　变频器的铭牌

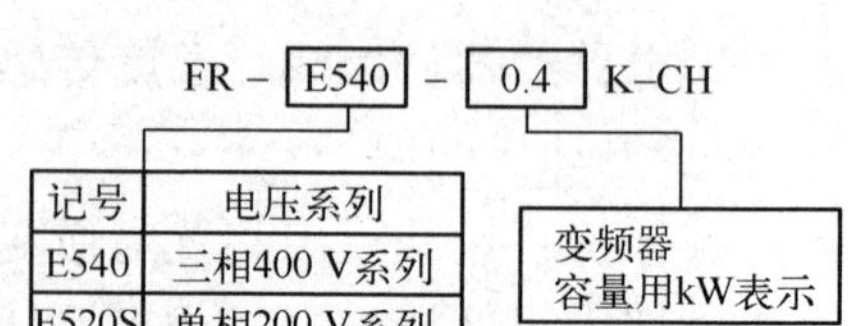

图 1–12　变频器的型号

任务实施

一、三菱 FR－F540 变频器的拆装

三菱 FR－F540 变频器外观和结构如图 1–13 所示。

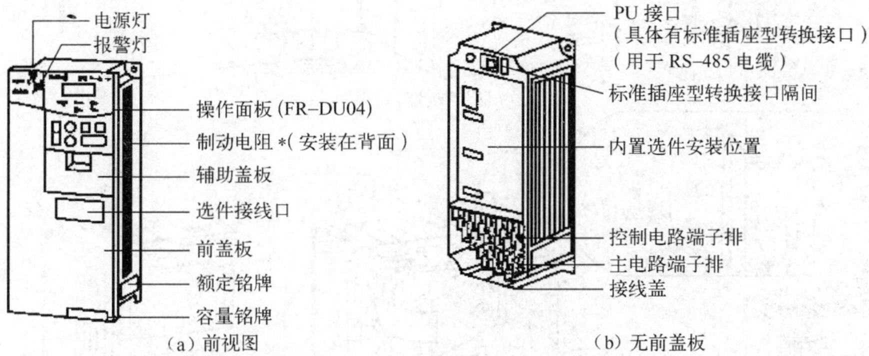

图 1–13　变频器的外观和结构

拆装步骤如下：

① 前盖拆卸（见图 1–14）：前盖板是由位于 A、B、C 位置的插销固定的，请按箭头方向以 C 为支点，同时按下 A、B，取下前盖板。

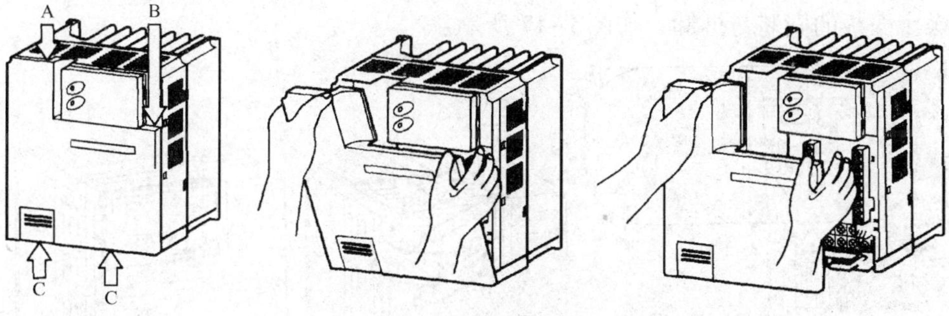

图 1–14　前盖拆卸

② 接线盖板的拆卸，如图 1–15 所示。

③ 辅助盖板的拆卸与安装，如图 1–16 所示。

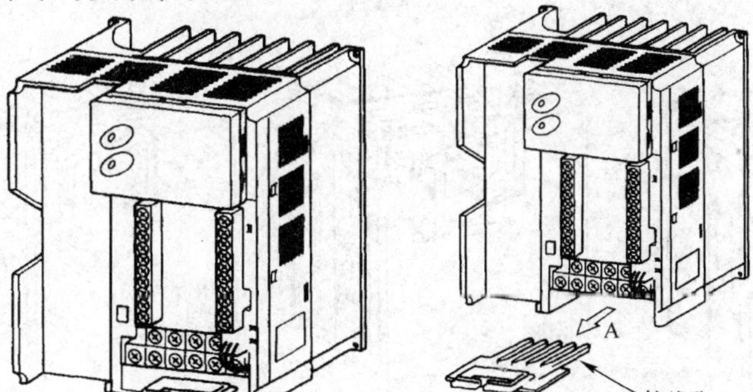

图 1–15　接线盖板的拆卸

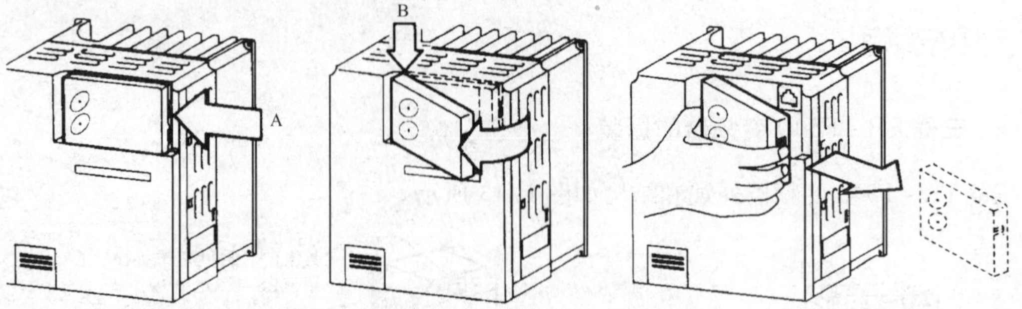

（a）拆卸

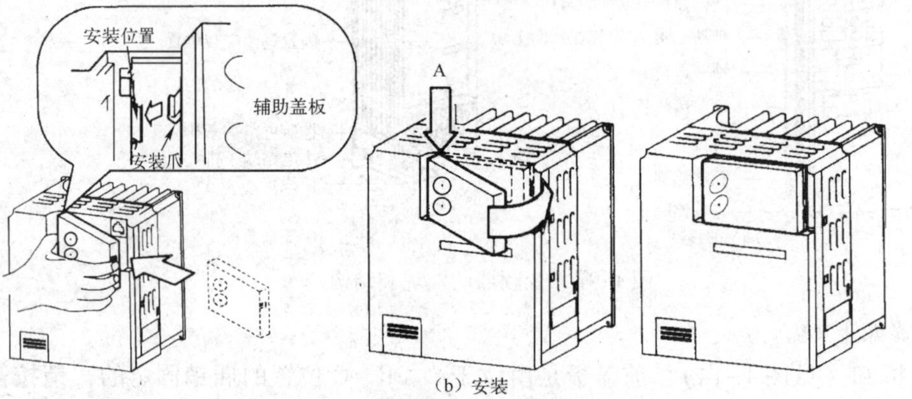

（b）安装

图 1-16　辅助盖板的拆卸与安装

④ 操作面板的安装与拆卸，如图 1-17 所示。

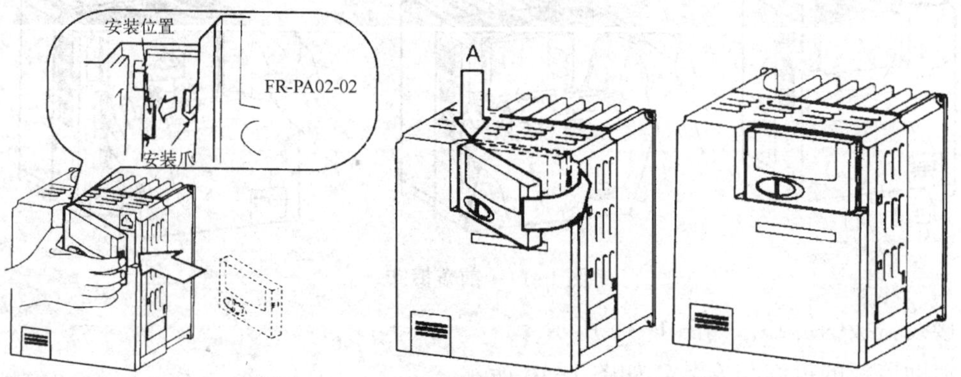

（a）安装

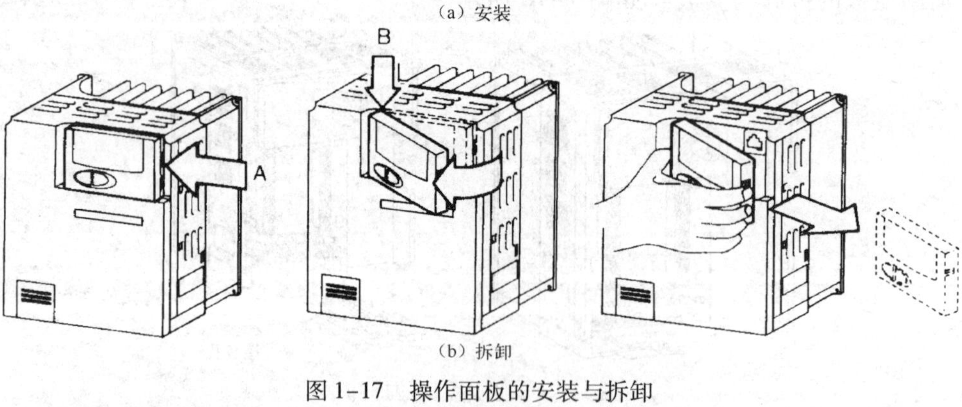

（b）拆卸

图 1-17　操作面板的安装与拆卸

⑤ 使用计算机连接时，应将连接电缆线接到 PU 接口，如图 1-18 所示。

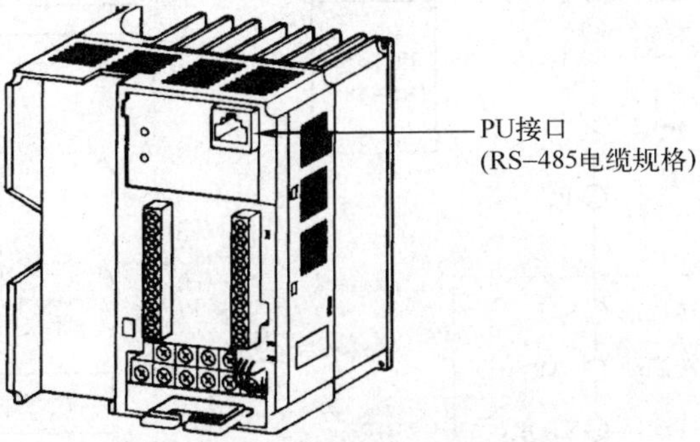

图 1-18　电缆线接到 PU 接口

⑥ 操作面板表面盖板的拆卸，如图 1-19 所示。

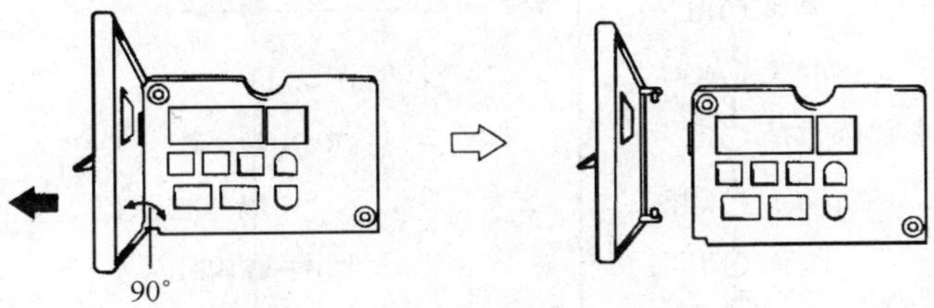

图 1-19　表面盖板的拆卸

⑦ 展开部件，如图 1-20 所示。

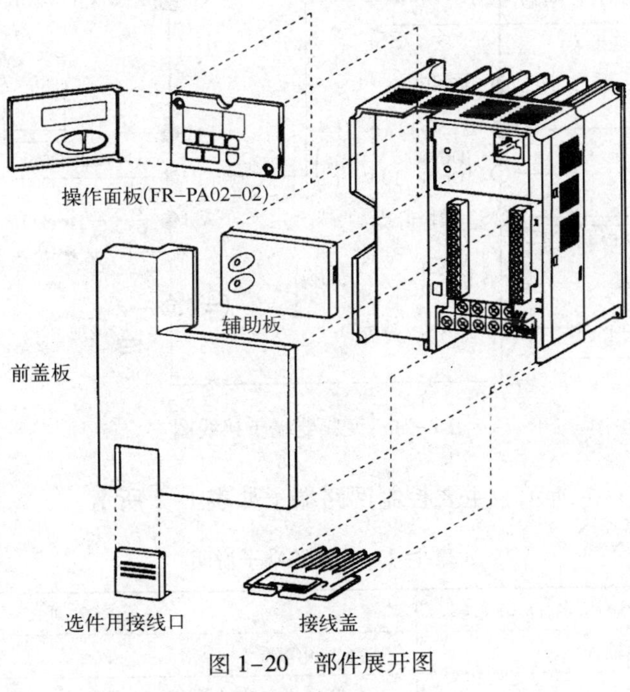

图 1-20　部件展开图

二、三菱 FR－F540 变频器接线端子的了解

三菱 FR－F540 变频器端子接线图如图 1-21 所示。

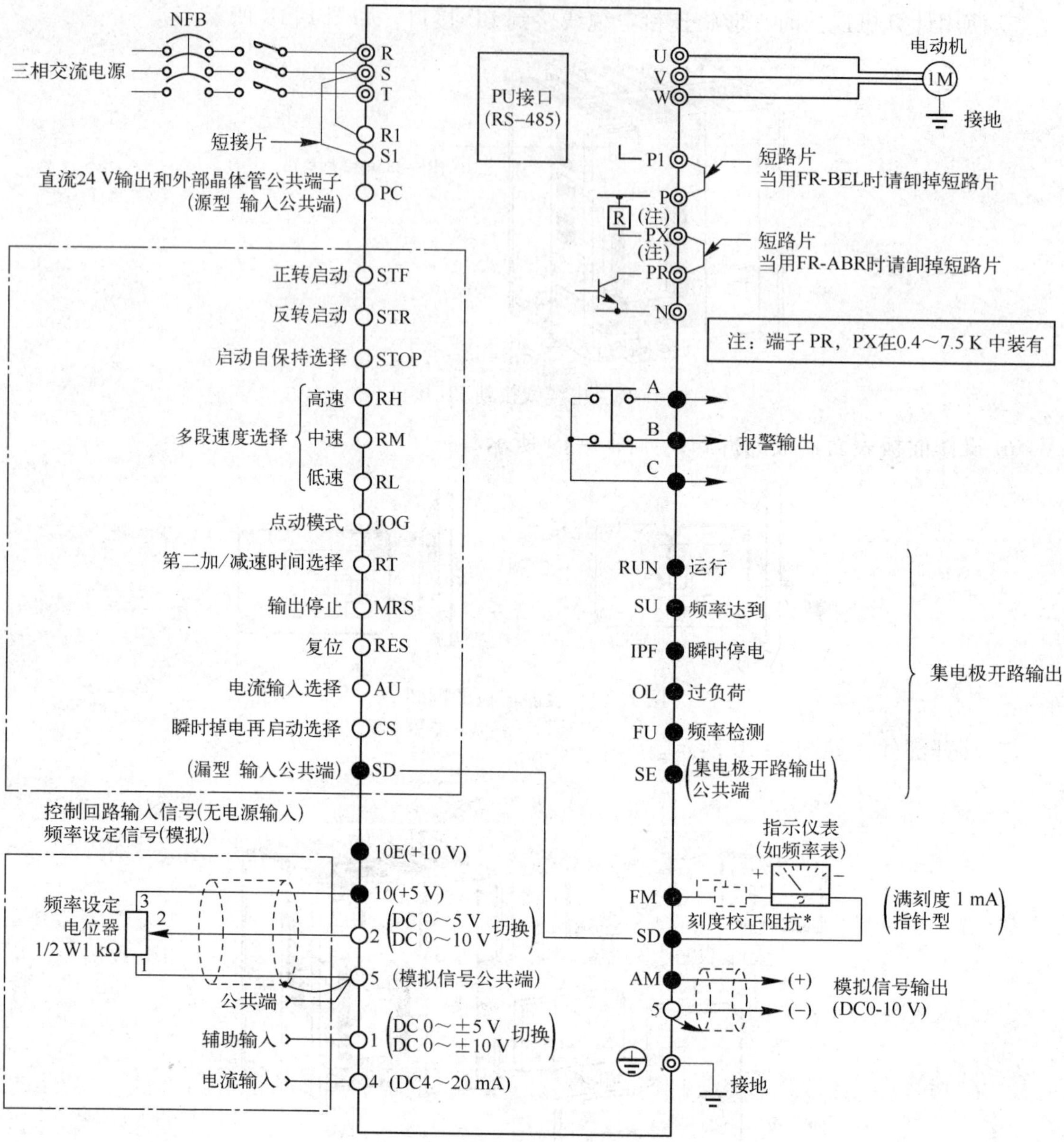

图 1–21　变频器端子接线图

主回路端子如表 1–1 所示，主要控制回路端子如表 1–2 所示。

表 1–1　主回路端子说明

引脚符号	引脚名称	说　明
R、S、T	交流电源输入	连接工频电源
U、V、W	变频器输入	接三相异步电动机
R1、S1	控制回路电源	与交流电源端子 R、S 连接
P、PR	连接制动电阻	拆开 PR – PX 间的短路片，在 P – PR 之间连接制动电阻器

续表

引脚符号	引脚名称	说明
P、N	连接制动单元	连接选件制动单元
P、P1	连接改善功率因数 DC 电抗器	连接选件
PR、PX	连接内部制动回路	用短路片将 PX－PR 间短路内部制动回路有效

表 1-2 主要控制回路端子

类型		引脚符号	引脚名称	说明
输入信号	启动接点、功能设置	STF	正转启动	ON 正转、OFF 停止
		STR	反转启动	ON 反转、OFF 停止
		STOP	启动自保持选择	ON，可选择启动信号自保持
		RH、RM、RL	多段速度选择	不同组合可选择多段速度
		JOG	点动模式选择	ON 时，启动（STF、STR）信号可点动
		RT	第 2 加/减速时间选择	ON 时，选择第 2 加减速度时间
		MRS	输出停止	ON 20 ms 以上，变频器输出停止
		RES	复位	用于解除保护回路动作的保持状态
		AU	电流输入选择	ON 时，变频器可用直流 4～20 mA 作为频率设置
		CS	瞬停再启动选择	处于 ON，瞬间停电再恢复时变频器便可自动启动。出厂设置中为不能再启动
		SD	公共输入（漏型）	接点输入端子和 FM 端子的公共端。直流 24 V，0.1 A 作为频率设置信号
		PC	直流 24 V 电源和外部晶体管公共端接点输入公共端	连接晶体管输出（如 PLC）当选择源型时，作接点输入公共端
模拟	频率设置	10E	频率设置用电源	10 V DC，允许负荷电流 10 mA
		10		5 V DC，允许负荷电流 10 mA
		2	频率设置电压	输入 0～5 V DC（10 V），5 V 对应最高输出频率
		4	频率设置电流	DC 4～20 mA，20 mA 对应最高输出频率
		1	辅助频率设置	
		5	频率设置公共端	频率设置信号的公共端子

主回路接线端子排列图如图 1-22 所示。

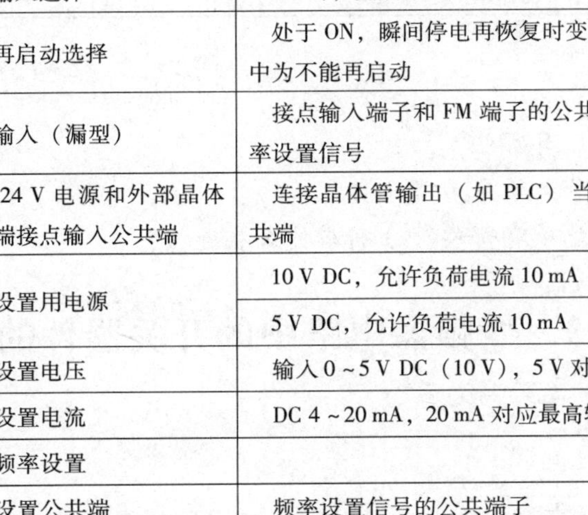

图 1-22 主回路接线端子

控制回路接线端子排列图如图 1-23 所示。

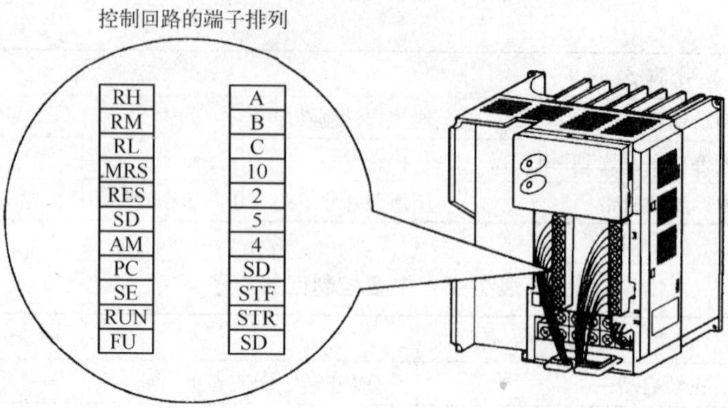

图 1-23　控制回路接线端子

综合评价

完成任务后，对照下表，查看这些能力点是否都掌握了，在相应的方框中打勾。

序　号	能　力　点	掌握情况
1	铭牌的识读	□是　□否
2	前端盖板的拆卸与安装	□是　□否
3	变频器接线端子的作用	□是　□否

思考与练习

1. 变频器的基本组成有哪些?
2. 变频器的控制端子大致分为哪几类?
3. 变频器的主电路端子有哪些? 分别与什么相连接?

任务 3　变频器电路中的开关器件的选择

任务描述

逆变电路输出频率较高时，电路中开关元件应采用什么元件? 怎样判断其好坏?

任务分析

逆变电路的基本作用是在驱动信号的控制下，将直流电源转换成频率和电压可以任意调节的交流电源。即变频器的输出电源。它有 6 个开关器件（如 GTR、IGBT），组成三相桥式逆变电路。这些开关器件都是作成模块形式，通常有同一桥臂，上下两个开关器件组成一个模块，由 6 个开关器件组成一个模块。

逆变电路输出频率较高时，电路中开关元件应采用电力场效应管。现在基本上应用绝缘栅双极晶体管（Insulate - Gate Bipolar Transistor，IGBT）。绝缘栅双极晶体管综合了电力晶体管（Giant Transistor，GTR）和电力场效应晶体管（Power MOSFET）的优点，具有良好的特性，应用领域很广泛。IGBT 也是三端器件：栅极、集电极和发射极。

知识导航

在变频器主电路的整流电路和逆变电路中都要用到半导体开关器件。目前，用于变频器的半导体开关器件主要有晶闸管、门极可关断晶闸管（GTO）、双极型功率晶体管、隔离门极双极型晶体管（IGBT）、功率场效应管（功率 MOSFET），以及最近几年发展起来的集成模块和智能功率模块 IPM 等。下面对近几年在通用变频器中最常用的主开关器件 IGBT、IEGT 和 IPM 进行简单介绍。

一、绝缘栅双极晶体管（IGBT）

绝缘栅双极晶体管（IGBT）是由 MOSFET 与 GTR 组成达林顿结构（见图 1-24），因此综合了功率 MOSFET 与 GTR 的优点，具有驱动简单、保护容易、不用缓冲电路、开关频率高等特点。其工作频率为 1～20 kHz，主要应用在变频器的主电路逆变器及一切逆变电路，即 DC/AC 变换中，如电动汽车、伺服控制器、UPS、开关电源、斩波电源、无轨电车等。如今功率可高达 1 MW 的低频应用中，单个器件电压可达 4.0 kV（PT 结构）～6.5 kV（NPT 结构），电流可达 1.5 kA，是较为理想的功率模块。

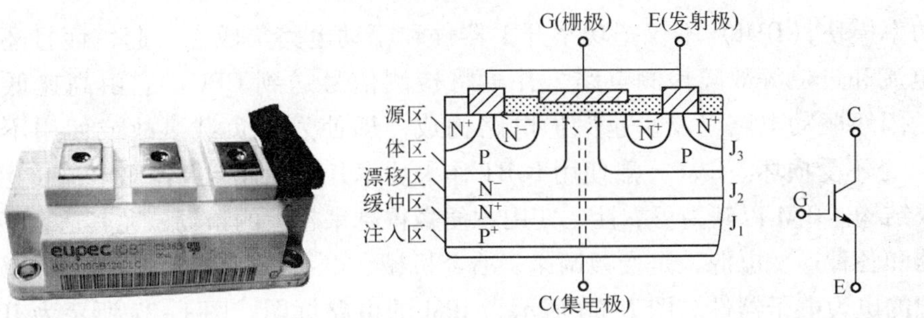

（a）实物图　（b）内部结构端面示意图　（c）电气图形符号

图 1-24　IGBT

IGBT 应用在变频器中，使变频器具有以下优点：输出电流波形大为改善，电动机的转矩增大；电磁噪声极小，因为采用了 IGBT 和 PWM 变频器的载频为 10～15 kHz，从而达到降低电动机运行噪声的目的，有“静音式”美称；增强了对常见故障（过流、过压瞬间断电等）的自处理能力，故障率大为减少；变频器自身的损耗也大为减少。IGBT 的导通压降为 1.5～2.0 V，关断时间为 0.2～0.3 μs。

二、加强注入型绝缘栅极晶体管（IEGT）

在交通、钢铁、电力等领域中，其高压大容量变频器对可靠性的要求特别高。目前，这类高压变频器仍是 GTO 和光控晶闸管等大容量电流驱动型电力电子器件的应用占主导地位。特别是 GTO 发展比较快，6 kV 级的器件已经实用化。但其最大的缺点是需要配以大容量的浪涌电路和电抗器，故其外围电路体积非常大，使用起来十分不便。

IGBT 在中小型低压变频器中应用广泛，其外围电路简单、体积小、损耗低，且控制方便。但若把这种低压器件用于高压变频器，则须多个串并联才能耐高压，但会使变频器的结构变得复杂，且容易产生故障。因此，迫切希望开发一种高耐压、大容量的 IGBT 的新器件。从元件设计的角度看，单纯地将 IGBT 的电压提高到数千伏，若原有制造技术和构造不加变更，则会使稳态损耗增大，由于通态电压降升高使变频器的功耗大大增加。

新型 IEGT 器件（见图 1-25）是一种“电子加强注入型绝缘栅极晶体管”。它融合了 IGBT 和 GTO 器件的优点，维持了 IGBT 的开关特性，又有 GTO 的低通态电压值。这种新型器件既能保持 IGBT 的优良关断特性，又使高压情况下通态电压降低。

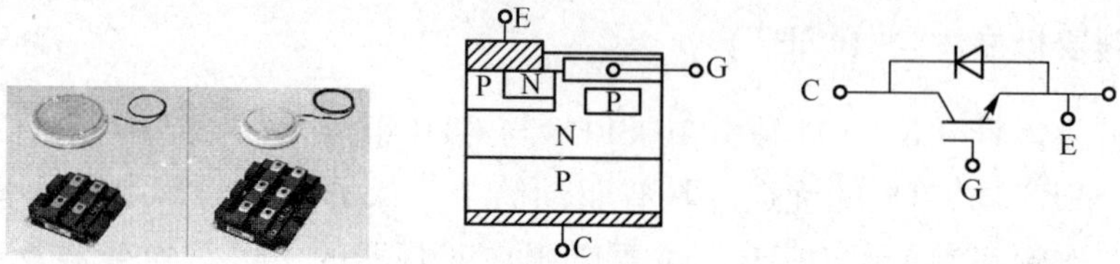

（a）实物图　　（b）结构　　（c）电气符号

图 1-25　IEGT 的结构、电气符号、实物图

三、智能功率模块（IPM）

智能功率模块（IPM）不仅把功率开关器件和驱动电路集成在一起，而且还内藏有过电压、过电流和过热等故障检测电路，并可将检测信号送到 CPU。它由高速低功耗的管芯和优化的门级驱动电路以及快速保护电路构成。即使发生负载事故或使用不当，也可以使 IPM 自身不受损坏。IPM 一般使用 IGBT 作为功率开关元件，并内藏电流传感器及驱动电路的集成结构。IPM 以其高可靠性、使用方便赢得越来越大的市场，尤其适合于驱动电动机的变频器和各种逆变电源，是变频调速、冶金机械、电力牵引、伺服进给、变频家电的一种非常理想的电力电子器件。图 1-26 所示为 IPM 的电路框图，图 1-27 所示为 IPM 的等效电路。

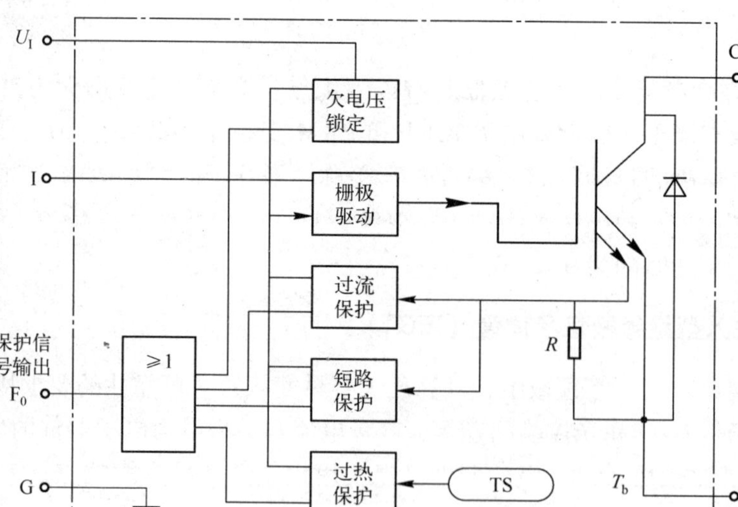

图 1-26　智能模块单元电路框图

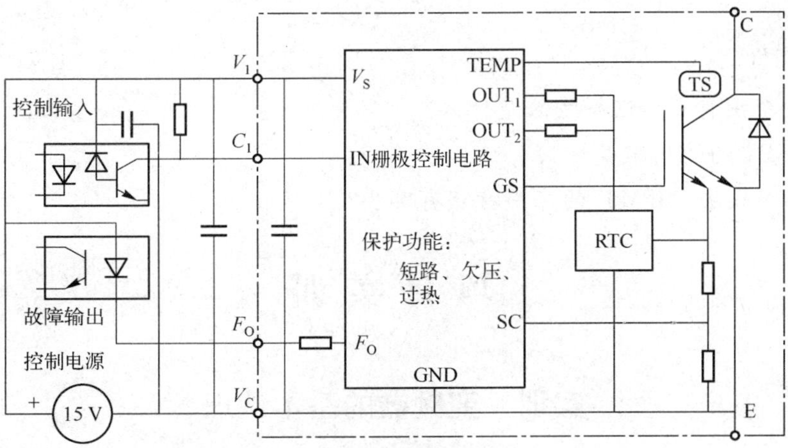

图 1-27　IPM 原理图

IPM 的主要特点如下：

IPM 内含驱动电路，可以按最佳的 IGBT 驱动条件进行设置；IPM 内含过流（OC）保护、短路（SC）保护，使检测功耗小、灵敏、准确；IPM 内含欠电压（UV）保护，当控制电源电压小于规定值时进行保护；IPM 内含过热（OH）保护，可以防止 IGBT 和续流二极管过热。在 IGBT 内部的绝缘基板上设有温度检测元件，结温过高时即输出报警（ALM）信号，该信号送给变频器的单片机，使系统显示故障信息并停止工作。IPM 还内含制动电路，用户如有制动要求可另购选件，在外电路规定端子上接制动电阻，即可实现制动。

任务实施

逆变电路通常指的就是 IGBT 逆变模块（早期生产的变频器为 GTR 等功率模块），IGBT 模块损坏也是变频器常见的故障。对于 IGBT 模块，我们介绍最简单的测量方法。用指针万用表电阻 10 k 挡表棒去触发 Gw、Ew（黑笔碰 Gw，红笔碰 Ew）则 P 到 W 可导通。当 Gw Ew 短路时，P 到 W 则关闭，其他各引脚同理。测量耐压值可用晶体管参数测试仪，但是要短接触发端 G－E 才能测 C－E 的耐压值。IGBT 模块损坏，大多情况下会损坏驱动元器件。最容易损坏的器件是稳压管及光耦。反过来，如驱动电路的元件有问题如电容漏液、击穿、光耦老化，也会导致 IGBT 模块烧坏或变频输出电压不平衡。

综合评价

完成任务后，对照下表，查看这些能力点是否都掌握了，在相应的方框中打勾。

序　号	能 力 点	掌 握 情 况
1	IGBT 的结构组成和电气符号	□是　□否
2	IEGT 的结构组成和电气符号	□是　□否
3	IPM 的应用特点	□是　□否
4	IPM 的驱动电路	□是　□否
5	开关器件的测量	□是　□否

思考与练习

1. GTR 的应用特点和选择方法是什么？
2. 说明 IGBT 的结构组成特点。
3. 智能功率模块（IPM）的应用特点有哪些？

项目实训

实训　变频器的基本认识

一、实训目标

① 认识变频器的外形结构；
② 掌握变频器面板和盖板的拆装方法；
③ 认识变频器的主控电路端子；
④ 了解变频器操作面板各按键的意义。

二、实训器材

① 三菱交流变频调速器（FR－A540 带有 FR－DU04 操作面板）1 台；
② 变频调速系统实验电气控制箱 1 台；
③ 三相笼形异步电动机 1 台；
④ 电工工具 1 套；
⑤ 连接导线若干。

三、实训步骤

1. 观察变频器铭牌

认真观察并记录铭牌上的有关信息，包括品牌型号、出厂编号、变频器容量、输入/输出电压、输入/输出电流、频率调节范围。

实训要求：整理变频器铭牌记录，填写变频器铭牌记录表。

2. 观察变频器外部组成及特征

变频器的整体外形采用了全封闭式结构，接线端子不外露，安全性好。

实训要求：画出变频器外部结构图，对重点部位名称标注。

3. 变频器操作面板和盖板的拆装

学生在教师指导下按变频器使用手册要求操作，也可查找相关网站技术支持。

实训要求：记录变频器拆装顺序及各部分名称。

4. 变频器外部端子的认识

拆开变频器盖板，对照变频器使用手册，区分R、S、T、U、V、W端子以及控制电路端子及其符号标记。

实训要求：根据外部端子发布，画出主电路、控制电路端子排列图。

四、能力评价

完成任务后，对照下表，对每个学生进行项目考核。

序　号	考核项目	掌握情况
1	说明变频器面板的外部特征	□是　□否
2	说明变频器面板的功能	□是　□否
3	读取变频器的铭牌信息	□是　□否

项目2 变频器的基本使用方法

变频调速被认为是一种理想的交流调速方法。20 世纪 90 年代，随着半导体开关器件 IGBT、矢量控制技术的成熟，微机控制的变频调速成为主流，调速后异步电动机的静、动态特性已经可以和直流调速相媲美。随着变频器的专用大规模集成电路、半导体开关器件、传感器的性能越来越高，进一步提高变频器的性能和功能已成为可能。变频器相关技术向着网络智能化、专门化和一体化、环保无公害和适应新能源的趋势发展，了解和掌握变频器的一些基础知识，对正确使用变频器至关重要，这样才能保证变频器的正常工作，发挥变频器的最大作用。

本项目中，以三菱 FR－A540 变频器为例，通过对变频器面板的操作以及基本参数的设置等任务的训练，使学生能熟练地操控变频器的运行。

学习目标

一、知识目标

① 熟悉 SPWM 控制原理及逆变电路的控制方式。

② 掌握变频器基本的频率参数及设置。

③ 掌握变频器的主要功能及其他常见功能。

二、技能目标

① 能对交—直—交变频器主电路进行工作分析。

② 能对 SPWM 逆变电路原理及控制方式进行分析。

③ 能熟练地进行变频器面板操作。

④ 能熟练地进行变频器功能码的设置。

⑤ 能熟练地操控变频器的运行。

任务 1　变频器面板的基本操作

任务描述

根据三菱 FR－DU04 操作面板（见图 2-1）。熟悉变频器各功能键的操作方法。

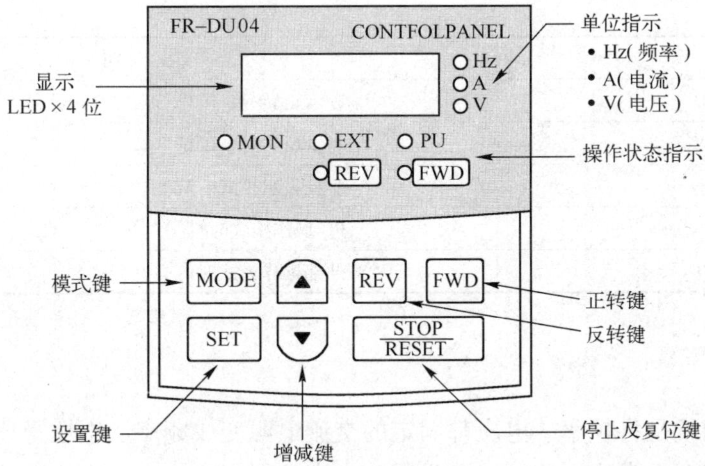

图 2-1　FR－DU04 操作面板

任务分析

一、面板显示及各按键操作

使用变频调速器之前，首先要熟悉它的面板显示和键盘操作单元，并且按照使用现场的要求合理设置参数。变频器的操作面板及键的用途如图 2-1 所示，其上半部为面板显示器，下半部为各种按键。操作面板各按键的功能如表 2-1 所示。

表 2-1　操作面板各按键功能

按　键	说　明
MODE 键	用于选择操作模式或设置模式
SET 键	用于确定频率和参数的设置
▲▼键	用于连续增加或降低运行频率 在设置模式中按下此键，则可连续设置参数
FWD 键	用于给出正转指令
REV 键	用于给出反转指令
$\frac{\text{STOP}}{\text{RESET}}$ 键	用于停止运行 用于保护功能动作输出停止时复位变频器（用于主要故障）

二、操作面板单位表示及运行状态

操作面板单位表示及运行状态如表 2-2 所示。

表 2-2　操作面板单位表示及运行状态

表　示	说　明
Hz	表示频率，灯亮
A	表示电流，灯亮

续表

表　示	说　明
FED	表示正转时，闪烁
REV	表示反转时，闪烁
MON	监控显示模式时灯亮
PU	PU 操作模式时灯亮
EXT	外部操作模式时灯亮

知识导航

变频器的功能就是将频率、电压都固定的交流电源变成频率、电压都连续可调的交流电源。按照变换环节有无直流环节可以分为交—交变频器和交—直—交变频器两种，如图 2-2 所示。

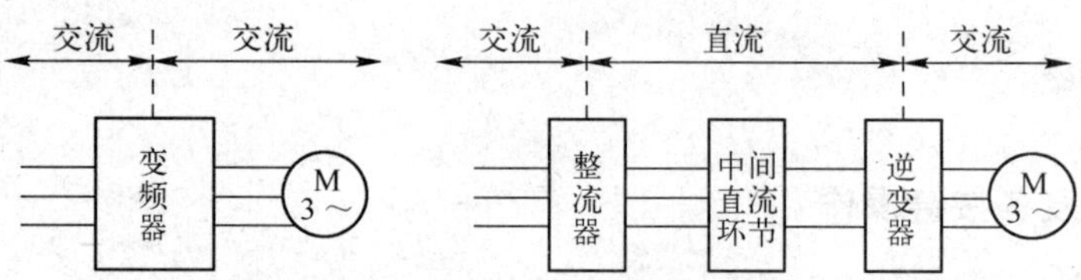

（a）交—交变频器　　（b）交—直—交变频器

图 2-2　变频器的结构图

一、变频器的工作原理

1. 变频器的基本构成

通用变频器由主电路（整流器、中间直流环节（中间直流储能环节）、逆变器）和控制电路组成，如图 2-3 所示。

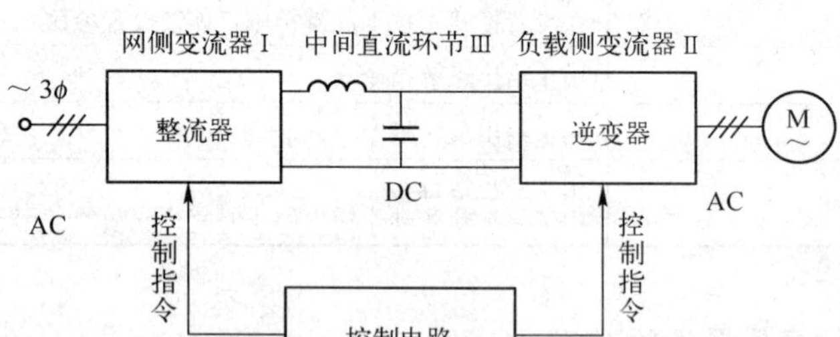

图 2-3　变频器的基本构成

（1）主电路

① 整流器：又称电网侧变流器，是把三相（或单相）交流电整流成直流电。常见的整

流器有用二极管构成的不可控三相桥式电路和用晶闸管构成的可控三相桥式电路。

② 逆变器：又称负载侧变流器，最常见的结构形式是利用各半导体主开关器件组成三相桥式逆变电路。有规律地控制逆变器中主开关器件的通与断，可以得到任意频率的三相交流电输出。

③ 中间直流环节：由于逆变器的负载为异步电动机，属于感性负载，因此在中间直流环节和电动机之间总会有无功功率的交换。这种无功能量要靠中间直流环节的储能元件（电容或电抗）来缓冲，所以又常称中间直流环节为中间直流储能环节。

(2) 控制电路

控制电路由运算电路、检测电路、控制信号的输入/输出电路和驱动电路等构成，其主要任务是完成对逆变器的开关控制、对整流器的电压控制以及各种保护功能等，可采用模拟控制或数字控制。高性能的变频器目前已采用嵌入式微型计算机进行全数字控制，采用尽可能简单的硬件电路，主要靠软件来完成各种功能。由于软件的灵活性，数字控制方式可以完成模拟控制方式难以完成的功能。

2. 交—直—交变频器的主电路

交—直—交变频器的主电路如图 2-4 所示。可以分为以下几部分：

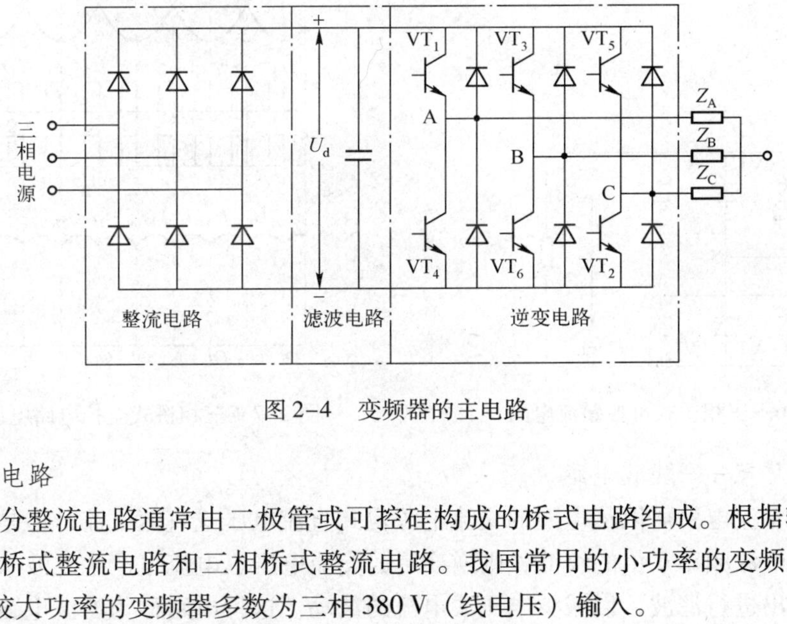

图 2-4　变频器的主电路

(1) 整流电路

交—直部分整流电路通常由二极管或可控硅构成的桥式电路组成。根据输入电源的不同，分为单相桥式整流电路和三相桥式整流电路。我国常用的小功率的变频器多数为单相 220 V 输入，较大功率的变频器多数为三相 380 V（线电压）输入。

① 不可控整流电路及工作原理。不可控整流电路使用的元件为功率二极管，不可控整流电路按输入交流电源的相数不同分为单相整流电路、三相整流电路和多相整流电路。三相桥式整流电路如图 2-5 所示。

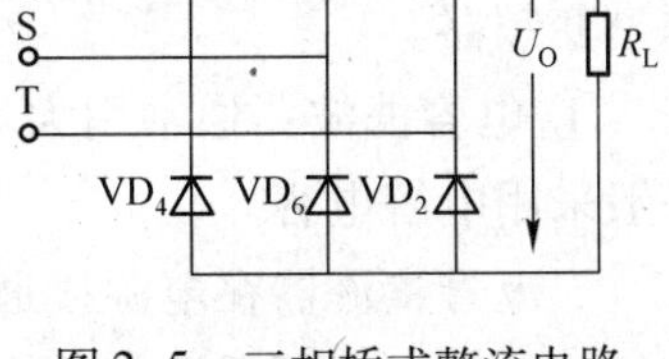

图 2-5　三相桥式整流电路

三相桥式整流电路共有 6 只整流二极管，其中 VD_1、VD_3、VD_5 三只管子的阴极连接在一起，称为共阴极组；VD_4、VD_6、VD_2 三只管子的阳极连接在一起，称为共阳极组。共阴极组三只二极管 VD_1、VD_3、VD_5在 t_1、t_3、t_5换流导通；共阳极组三只二极管 VD_2、VD_4、VD_6在 t_2、t_4、t_6换流导通。一个周期内，每只二极管导通 1/3 周期，即导通角为 120°。通过计算可得到负载电阻 R_L上的平均电压为

$$U_o = 2.34U_2$$

② 可控整流电路及工作原理。三相桥式全控整流电路，如图 2-6 所示。

三相交流电源电压 u_R、u_S、u_T正半波的自然换相点为 1、3、5，负半波的自然换相点为 2、4、6。

当 $\alpha=0°$时，让触发电路先后向各自所控制的 6 只晶闸管的门极（对应自然换相点）送出触发脉冲，即在三相电源电压正半波的 1、3、5 点向共阴极组晶闸管 VT_1、VT_3、VT_5输出触发脉冲；在三相电源电压负半波的 2、4、6 点向阳极组晶闸管 VT_2、VT_4、VT_6输出触发脉冲，负载上所得到的整流输出电压 u_d波形由三相电源线电压 u_{RS}、u_{RT}、u_{ST}、u_{SR}、u_{TR}和 u_{TS}的正半波所组成的包络线组成，如图 2-7 所示。

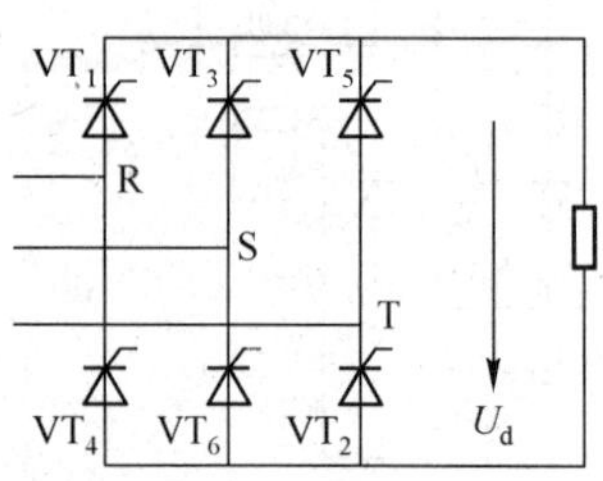

图 2-6　三相桥式可控整流电路

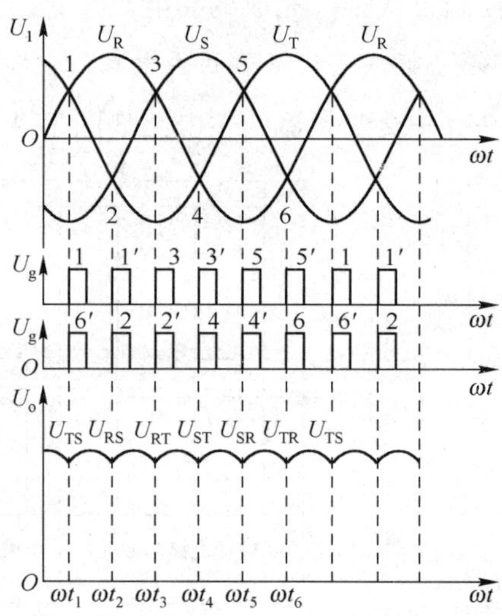

图 2-7　三相桥式全控电路电压波形

（2）中间环节——滤波电路

虽然利用整流电路可以从电网的交流电源得到直流电压或直流电流，但是这种电压或电流含有频率为电源频率 6 倍的纹波，则逆变后的交流电压、电流也产生纹波。因此，必须对整流电路的输出进行滤波，以减少电压或电流的波动。这种电路称为滤波电路。

根据储能元件不同，可分为电容滤波和电感滤波两种。由于电容两端的电压不能突变，流过电感的电流不能突变，所以用电容滤波就构成电压源型变频器，用电感滤波就构成电流源型变频器。

① 电容滤波：通常用大容量电容对整流电路输出电压进行滤波。由于电容量比较大，一般采用电解电容。

二极管整流器在电源接通时，电容中将流过较大的充电电流（亦称浪涌电流），有可能烧坏二极管，必须采取相应措施。图 2-8 所示为几种抑制浪涌电流的方式。

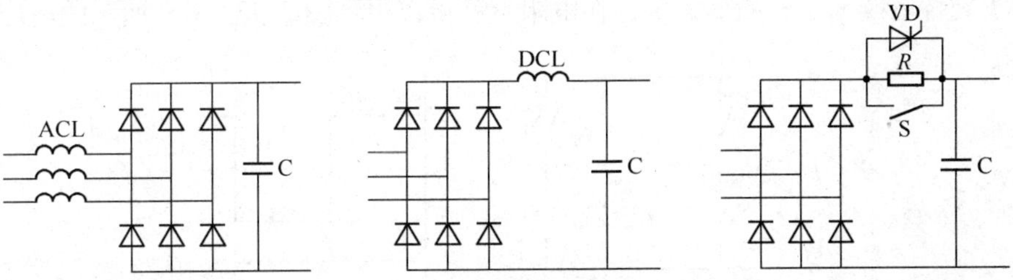

（a）接入交流电抗　（b）接入直流电抗　（c）串联充电电阻

图 2-8　抑制浪涌电流的方式

采用大电容滤波后再送给逆变器，这样可使加于负载上的电压值不受负载变动的影响，基本保持恒定。该变频电源类似于电压源，因而称为电压型变频器。电压型变频器的电路框图如图 2-9 所示。电压型变频器逆变电压波形为方波，而电流的波形经电动机负载的滤波后接近于正弦波，如图 2-10 所示。

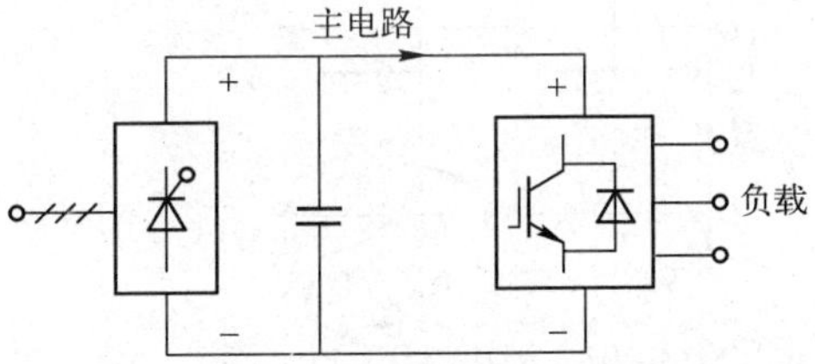

图 2-9　电压型变频器的电路框图

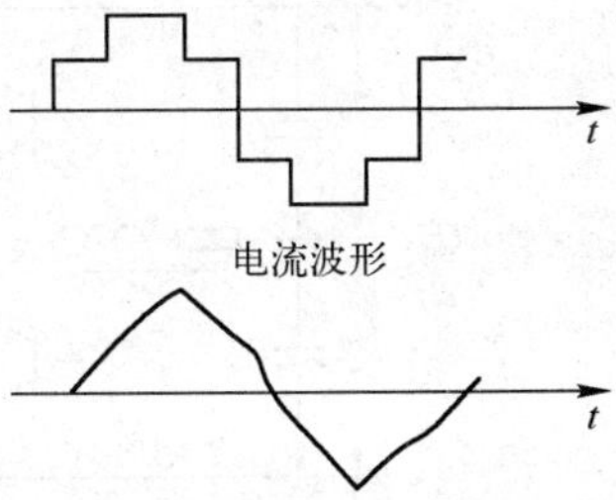

图 2-10　电压型变频器的电压和电流波形

② 电感滤波：采用大容量电感对整流电路输出电流进行滤波，称为电感滤波。由于经电感滤波后加于逆变器的电流值稳定不变，所以输出电流基本不受负载的影响，电源外特性类似电流源，因而称为电流型变频器。图 2-11 所示为电流型变频器的电路框图。图 2-12 所示为电流型变频器输出电压及电流波形。

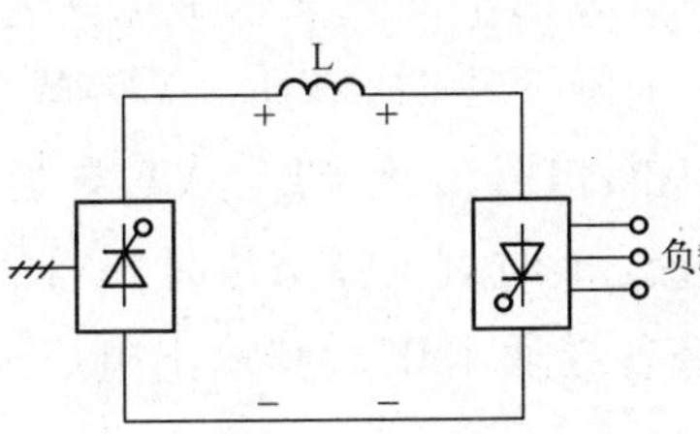

图 2-11　电流型变频器的电路框图

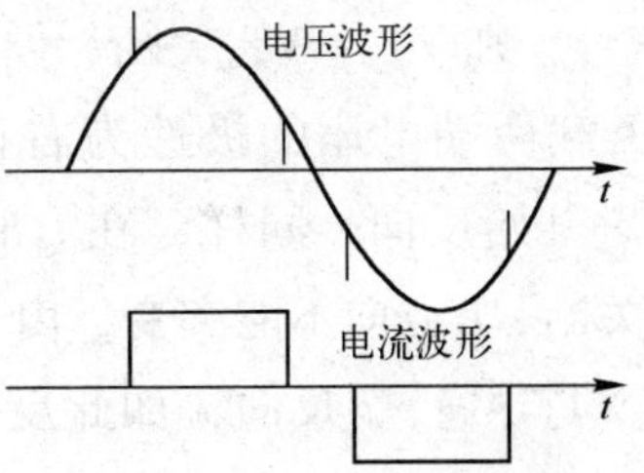

图 2-12　电流型变频器输出电压及电流波形

(3) 逆变电路——直—交部分

逆变电路也简称为逆变器，图 2-13（a）所示为单相桥式逆变器，4 个桥臂由开关构成，输入直流电压 E，逆变器负载是电阻 R。当将开关 S_1、S_4 闭合，S_2、S_3 断开时，电阻上得到左正右负的电压；间隔一段时间后将开关 S_1、S_4 打开，S_2、S_3 闭合，电阻上得到右正左负的电压。

我们以频率 f 交替切换 S_1、S_4 和 S_2、S_3，在电阻上就可以得到图 2-13（b）所示的电压波形。

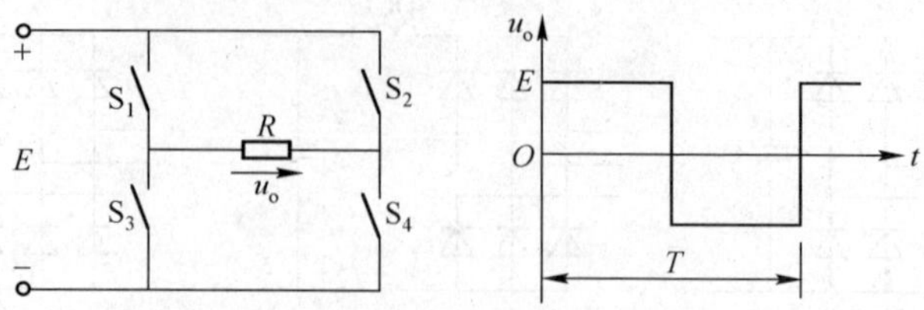

（a）单相桥式逆变电路　　（b）工作电压波形

图 2-13　逆变器电路

① 半桥逆变电路：图 2-14（a）为半桥逆变电路原理图，直流电压 U_d 加在两个串联的足够大的电容两端，并使得两个电容的连接点为直流电源的中点，即每个电容上的电压为 $U_d/2$。由两个导电臂交替工作使负载得到交变电压和电流，每个导电臂由一个功率晶体管与一个反并联二极管所组成。图 2-14（b）所示为半桥逆变电路工作波形图。

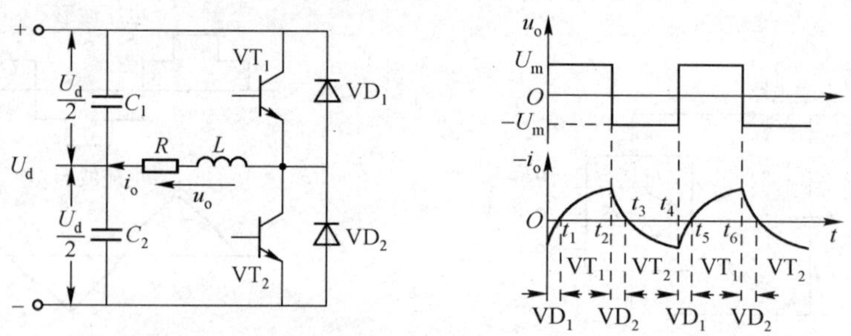

（a）半桥逆变电路　　（b）工作波形

图 2-14　半桥逆变电路及工作波形

② 全桥逆变电路：电路原理如图 2-15（a）所示。直流电压 U_d 接有大电容 C，电路中的 4 个桥臂，桥臂 1、4 和桥臂 2、3 组成两对，工作时，设 t_2 时刻之前 VT_1、VT_4 导通，负载上的电压极性为左正右负，负载电流 i_o 由左向右。t_2 时刻给 VT_1、VT_4 关断信号，给 VT_2、VT_3 导通信号，则 VT_1、VT_4 关断，但感性负载中的电流 i_o 方向不能突变，于是 VD_2、VD_3 导通续流，负载两端电压的极性为右正左负。当 t_3 时刻 i_o 降至零时，VD_2、VD_3 截止，VT_2、VT_3 导通，i_o 开始反向。同样，在 t_4 时刻给 VT_2、VT_3 关断信号，给 VT_1、VT_4 导通信号后，VT_2、VT_3 关断，i_o 方向不能突变，由 VD_1、VD_4 导通续流。t_5 时刻 i_o 降至零时，VD_1、VD_4 截止，VT_1、VT_4 导通，i_o 反向，如此反复循环，两对交替各导通 180°。其输出电压 u_o 和负载电流 i_o 如图 2-15（b）所示。

逆变电路的输出电压为阶梯波，虽然不是正弦波，却是彼此相差 120° 的交流电压，即实现了从直流电到交流电的逆变。输出电压的频率取决于逆变器开关器件的切换频率，达到了变频的目的。

实际逆变电路除了基本元件晶体管和续流二极管外，还有保护半导体元件的缓冲电路，晶体管也可以用门极可关断晶闸管代替。

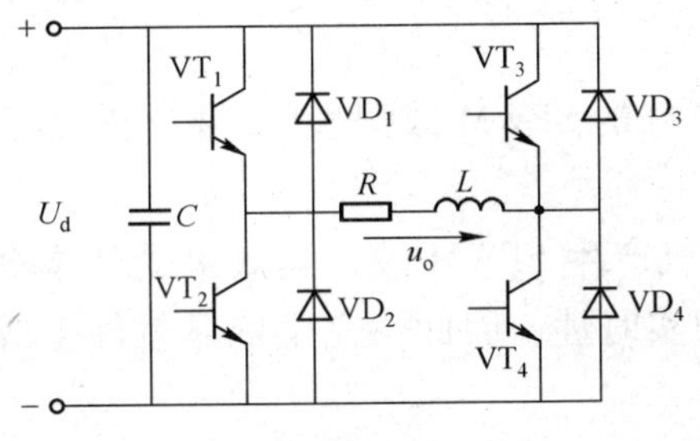

（a）全桥逆变电路

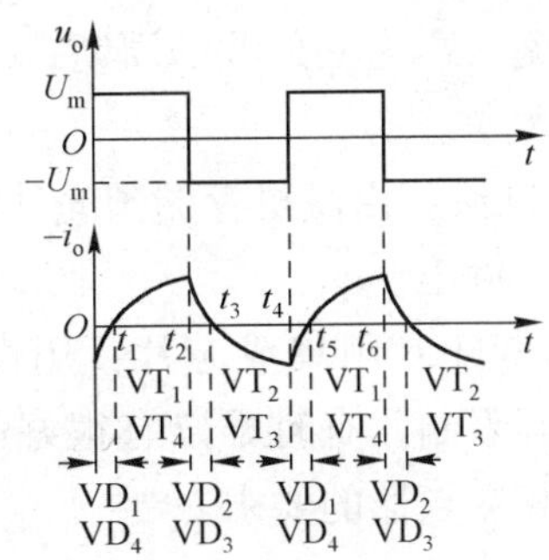

（b）工作波形

图 2–15　半桥逆变电路及工作波形

3. SPWM 控制技术

（1）SPWM 控制技术原理

我们期望通用变频器的输出电压波形是纯粹的正弦波形，但就目前技术而言，还不能制造功率大、体积小、输出波形如同正弦波发生器那样标准的可变频变压的逆变器。目前技术很容易实现的一种方法是：逆变器的输出波形是一系列等幅不等宽的矩形脉冲波形，这些波型与正弦波等效，如图 2–16 所示。

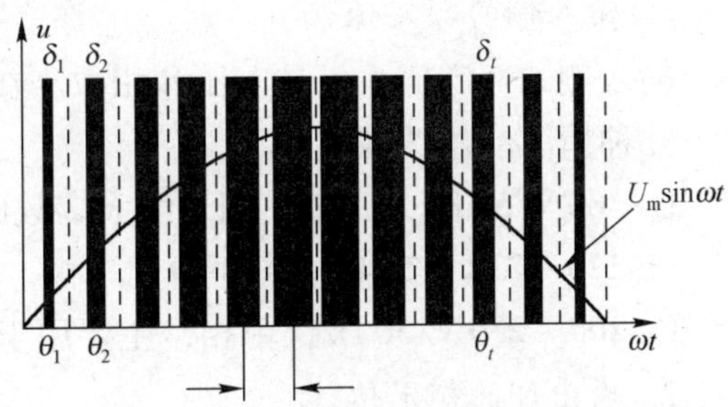

图 2–16　单极式 SPWM 电压波形

等效的原则是每一区间的面积相等。如果把一个正弦半波分为 n 等份（图中 $n=12$，实际 n 要大得多），然后把每一等份的正弦曲线与横轴所包围的面积都用一个与此面积相等的矩形脉冲来代替，脉冲幅值不变，宽度为 δ_t，各脉冲的中点与正弦波每一等份的中点重合。这样，有 n 个等幅不等宽的矩形脉冲组成的波形就与正弦波的正半周等效，称为 SPWM（Sinusoidal Pulse Width Modulation，正弦波脉冲宽度调制）波形。同样，正弦波的负半周也可以用同样的方法与一系列负脉冲等效。这种正、负半周分别用正、负半周等效的 SPWM 波形称为单极式 SPWM 波形。

虽然 SPWM 电压波形与正弦波相差甚远，但由于变频器的负载是电感性负载电动机，而流过电感的电流是不能突变的。当把调制频率为几千赫兹的 SPWM 电压波形加到电动机时，其电流波形就是比较好的正弦波。

（2）SPWM 波形成的方法

① 自然采样法：即计算正弦信号波和三角载波的交点，从而求出相应的脉宽和间歇时间，生成 SPWM 波形。图 2–17 表示截取一段正弦与三角波相交的实时状况。检测出交点 A 是发出脉冲的初始时刻，B 点

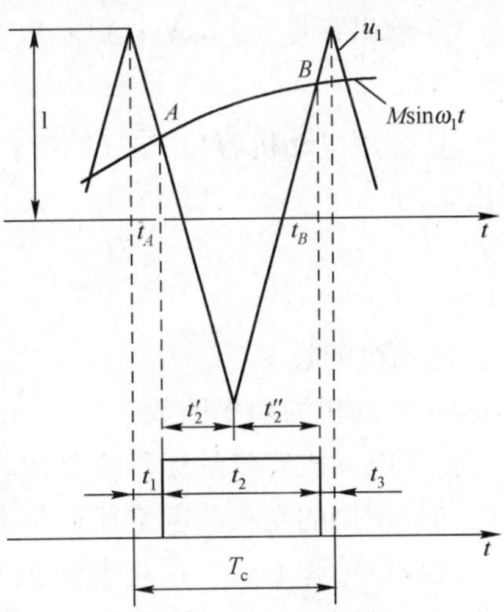

图 2–17　自然采样法

是脉冲结束时刻。T_C为三角波的周期；t_2为AB之间的脉宽时间，t_1和t_3为间歇时间。显然，$T_C = t_1 + t_2 + t_3$。

② 数字控制法：由微机存储预先计算好的SPWM数据表格，控制时根据指令调出，由微机的输出接口输出。

③ 采用SPWM专用集成芯片：用微机产生SPWM波，其效果受到指令功能、运算速度、存储容量等限制，有时难以有很好的实时性，因此，完全依靠软件生成SPWM波实际上很难适应高频变频器的要求。

随着微电子技术的发展，已开发出一批用于发生SPWM信号的集成电路芯片。目前已投入市场的SPWM芯片进口的有HEF4725、SLE4520，国产的有THP4725、ZPS－101等。有些单片机本身就带有SPWM端口，如8098、80C196MC等。

二、变频器的额定值

1. 输入侧的额定值

输入侧的额定值主要是电压和相数。在我国的中小容量变频器中，输入电压的额定值有以下几种情况（均为线电压）：

① 380 V/50 Hz，三相，用于绝大多数电器中。

② 220～230 V/50 Hz或60 Hz，三相，主要用于某些进口设备中。

③ 200～230 V/50 Hz，单相，主要用于精细加工和家用电器。

2. 输出侧的额定值

① 输出电压额定值U_N：由于变频器在变频的同时也要变压，所以输出电压的额定值是指输出电压中的最大值。在大多数情况下，它就是输出频率等于电动机额定频率时的输出电压值。通常，输出电压的额定值总是和输入电压相等的。

② 输出电流额定值I_N：输出电流的额定值是指允许长时间输出的最大电流，是用户在选择变频器时的主要依据。

③ 输出容量S_N（kV·A）：S_N与U_N和I_N的关系为

$$S_N = \sqrt{3}U_N I_N$$

④ 配用电动机容量P_N（kW）：变频器说明书中规定的配用电动机容量，是根据下式估算出来的。

$$P_N = S_N \eta_M \cos\varphi_M$$

式中：

η_M：电动机的效率；

$\cos\varphi_M$：电动机的功率因数。

由于电动机容量的标称值是比较统一的，而η_M和$\cos\varphi_M$值却很不一致，所以容量相同的电动机配用的变频器容量往往是不相同的。

变频器铭牌上的“适用电动机容量”是针对四极的电动机而言，若拖动的电动机是六极或其他，那么相应的变频器容量加大。

⑤ 过载能力：变频器的过载能力是指其输出电流超过额定电流的允许范围和时间。大

多数变频器都规定为150% I_N、60 s 或180% I_N，0.5 s。

三、变频器的频率指标

1. 频率的名词术语

① 基准频率：基准频率也叫基本频率，用f_b表示。在大多数情况下，一般以电动机的额定频率f_N作为基准频率，即$f_b = f_N$。

② 最高频率f_{max}：当变频器的频率给定信号为最大值时，变频器的给定频率。

③ 上限频率f_H和下限频率f_L：根据电动系统的工作需要，变频器可设置上限频率和下限频率，如图2-18所示。与f_H和f_L对应的给定信号分别是X_H和X_L，则上限频率的定义是：当$X \geqslant X_H$时，$f_X = f_H$；下限频率的定义是：当$X \leqslant X_L$时，$f_X = f_L$。

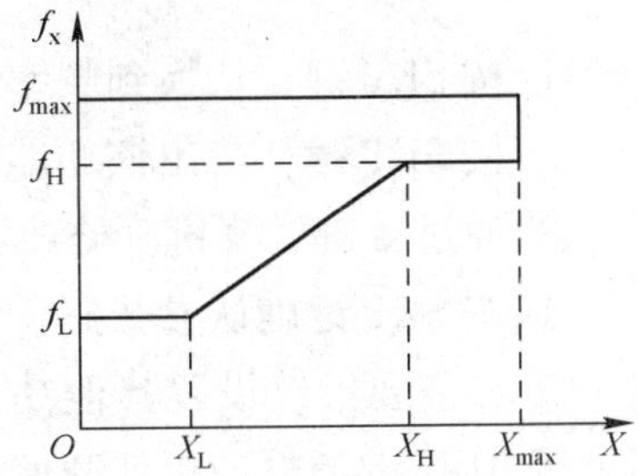

图2-18　变频器上限与下限频率

④ 跳变频率f_J：生产机械在运转时总是有振动的，其振动频率和转速有关。有可能在某一转速下，机械的振动频率与它的固有振荡频率相一致而发生谐振的情形。这时，振动将变得十分强烈，使机械不能正常工作，甚至损坏。

为了避免机械谐振的发生，机械系统必须回避可能引起谐振的转速。与回避转速对应的工作频率就是跳变频率，用f_J表示。

⑤ 点动频率f_{JOG}：生产机械在调试过程中，以及每次新的加工过程开始前，常常需要“点一点、动一动”，以便观察各部件的运转情况。

如果每次在点动前后，都要进行频率调整，既麻烦，又浪费时间。因此，变频器可以根据生产机械的特点和要求，预先一次性地设置一个点动频率f_{JOG}，每次点动时都在该频率下运行，而不必变动已经设置好的给定频率。

2. 变频器的频率指标

① 频率范围：即变频器能够输出的最高频率f_{max}和最低频率f_{min}。各种变频器规定的频率范围不尽一致。通常，最低工作频率为0.1～1 Hz，最高工作频率为120～650 Hz。

② 频率精度：指变频器输出频率的准确程度。用变频器的实际输出频率与设置频率之间的最大误差与最高工作频率之比的百分数表示。

例如，用户给定的最高工作频率为$f_{max} = 120$ Hz，频率精度为0.01%，则最大误差为：

$$\Delta f_{max} = 120\ \text{Hz} \times 0.01\% = 0.012\ \text{Hz}$$

③ 频率分辨率：指输出频率的最小改变量，即每相邻两挡频率之间的最小差值。一般分模拟设置分辨率和数字设置分辨率两种。

例如，当工作频率为$f_x = 25$ Hz时，如变频器的频率分辨率为0.01 Hz，则上一挡的最小频率（f_x'）和下一挡的最大频率（f_x''）分别为：$f_x' = 25\ \text{Hz} + 0.01\ \text{Hz} = 25.01\ \text{Hz}$，$f_x'' = 25\ \text{Hz} - 0.01\ \text{Hz} = 24.99\ \text{Hz}$。

任务实施

变频器的面板操作，基本操作步骤如下：

一、接通电源

合上电源后按 MODE 键，使变频器处于编程模式，此时 LED 数码显示屏显示 P000。

二、开始运行控制

① 按 SET 键，切换到频率设置模式。再按▲键、▼键找出需要的功能码。

② 按 SET 键，读出该功能码中原有的参数码。

③ 通过▲键、▼键、修改参数码。

④ 按 SET 键确认参数码。

⑤ 如需要继续设置其他功能，那么重复①～⑤的操作；如不需要继续设置其他功能，则可按 RUN 键，电动机就开始运行。

⑥ 运行中的变频器，按 STOP 键，可以使其停止运行。

综合评价

完成任务后，对照下表，查看这些能力点是否都掌握了，在相应的方框中打勾。

序　号	能　力　点	掌握情况
1	说明变频器面板的外部特征	□是　□否
2	说明变频器面板的功能	□是　□否
3	实时监视变频器的运行状态	□是　□否
4	查看实时运行参数	□是　□否

拓展内容

对于变频器调速系统的调试工作，没有严格规定的步骤，只是大体上应遵循“先空载，继轻载，后重载”的一般规律。

1. 通电前检查

① 查看变频器安装空间、通风情况是否安全足够，铭牌是否同电动机匹配，控制线是否布局合理，以避免干扰，进线与出线绝对不得接反，变频器的内部主回路负极端子 N 不得接到电网中线上（不少电工误认为 N 应接电网中线），各控制线接线应正确无误。

② 确认变频器工作状态与工频工作状态的互相切换要有接触器的互锁，不能造成短路，并且两种使用状态时电动机转向相同。

③ 根据变频器容量等因素确认输入侧交流电抗器和滤波直流电抗器是否接入。一般对 22 kW 以上的变频器要接直流电抗器，对 45 kW 以上的变频器还要接交流电抗器。

④ 电网供电不应有缺相，测定电网交流电压和电流值、控制电压值等是否在规定值，测量绝缘电阻应符合要求。

2. 通电和设置

① 通电：通电后首先观察显示器，并按产品使用手册变更显示内容，检查是否有异常。听看风机运转否，有的变频器使用温控风机，一开机不一定转，等机内温度升高后风机才转。检查进线和出线电压，听电动机运转声音是否正常，检查电动机转向反了没有，反了首先要更换电动机线校正。

② 设置：设置前先读懂产品使用手册，电动机能脱离负载的先脱离负载。变频器在出厂时设置的功能不一定刚好符合实际使用要求，因此需进行符合现场所需功能的设置，一般设置内容有：频率、操作方法、最高频率、额定电压、加/减速时间、电子热过载继电器、转矩限制、电动机极数等。对矢量控制的变频器，要按手册设置或自动检测，并在检查设置完毕后进行验证和储存。

3. 空载试运行

将电动机所带的负载脱离或减轻，做空载试运行的操作步骤如下：

① 先将频率设置为0位，合上电源，微微提升工作频率，观察电动机的起转情况及旋转方向是否正确。如方向相反，则予以纠正。

② 将频率上升到额定频率，让电动机运行一段时间。如一切正常，再选若干个常用的工作频率，也使电动机运行一段时间。

③ 将给定频率信号突降至0（或按停止按钮），观察电动机的制动情况。

4. 负载试运行

① 接正常负载运行，用钳型电流表测各相输出电流是否在预定值之内。

② 有转速反馈的闭环系统要测量转速反馈是否有效。做一下人为断开和接入转速反馈，看一看对电动机电压电流转速的影响程度。

③ 检查电动机旋转平稳性，加负载运行到稳定温升（一般3 h以上）时，电动机和变频器的温度是否太高，如太高应调整。调整可从改变以下参数着手：负载、频率、u/f曲线、外部通风冷却、变频器调制频率等。

④ 试验电动机的升降速时间是否过快或过慢，不适合应重新设置。

⑤ 试验各类保护显示的有效性，在允许范围内尽量多做一些非破坏性的各种保护的确认。

⑥ 按现场工艺要求试运行一周，随时监控，并做好记录。

思考与练习

1. 交—直—交变频器的主电路包括哪几部分？说明各部分的作用。
2. 不可控整流电路和可控整流电路的组成和原理有什么区别？
3. SPWM控制的原理是什么？为什么变频器多采用SPWM控制？

任务2　变频器的功能预置

任务描述

利用变频器控制某电动机正反转运行，其参数功能如表 2-3 所示。试设置电动机的运转程序及外部接线。

表 2-3　参数功能表

序　号	变频器参数	设 置 值	功 能 说 明
1	Pr. 1	50	上限频率（50 Hz）
2	Pr. 2	0	下限频率（0 Hz）
3	Pr. 7	10	加速时间（10 s）
4	Pr. 8	10	减速时间（10 s）
5	Pr. 9	0. 35	电子过电流保护（0. 35 A）
6	Pr. 160	0	扩张功能显示选择
7	Pr. 79	3	操作模式选择
8	Pr. 179	61	STR 反向启动信号

控制要求：

① 正确设置变频器输出的额定频率、额定电压、额定电流、额定功率、额定转速。

② 通过外部端子控制电动机启动/停止、正转/反转，按下按钮 S1 电动机正转，按下按钮 S2 电动机反转。

③ 运用操作面板改变电动机启动的点动运行频率和加减速时间。

任务分析

本任务需要分析以下内容：

① 恢复出厂设置值。

② 查询功能参数码表设置相关功能：

- 按模式转换键（FUNC、MODE 或 PRG），使变频器处于程序设置状态。
- 按数字键或数字增减（∧和∨）键，找出需预置的功能号。
- 按读出键或设置键（READ 或 SET），读出该功能中原有的数据码。
- 如需修改，则按数字键或数字增减键来修改数据码。
- 按写入键或设置键（WRT 或 SET），将修改后的数据码写入存储器中。
- 判断预置是否结束，如未结束，则转入第二步继续预置其他功能；如已结束，则按模式转换键，使变频器进入运行状态。
- 启动变频器，进行正、反转操作，达到运行频率后使点动端子闭合，观察变频器输出频率的变化情况，看是否与设置的点动频率相同。

知识导航

各种变频器的频率参数叫法各异，但功能基本相同。变频器需要对相关参数进行预置，才能使变频后电动机的特性满足生产机械的要求。

一、变频器参数设置

变频器需要进行参数设置以保证正确工作，如工作模式的切换，上下限频率的设置要求（见表2-4），表2-4中各参数的功能叙述如表2-5所示。一些常规参数的设置如下：

① 要设置其他参数，必须使变频器处于PU操作模式，Pr. 79应先设置为“1”，这样才能对其他参数进行正确的设置。其余表内参数可以使用默认值，也可另行设置。参数设置后，再根据运行模式，设置变频装置的操作模式。

② 在空载情况下，设置参数Pr. 15“点动频率”和Pr. 16“点动频率加/减速时间”的值，设置PU点动运行。按FWD或REV键，则运行。

③ 在空载的情况下，设置Pr. 4、Pr. 5、Pr. 6的值通过外部操作来观察电动机的运行情况。其中Pr. 79应先设置为“1”（PU操作），然后设置其他参数，最后再把Pr. 79设置为“2”（外部操作）。其余表内参数可以使用默认值，也可另行设置。

表2-4　参数设置要求

参数号Pr	名　称	默认值	设置范围	备　注
0	转矩提升	6	0～30%	代表百分数设置0 Hz时的电压
1	上限频率	120 Hz	0～120 Hz	
2	下限频率	0 Hz	0～120 Hz	
3	基底频率	50 Hz	0～400 Hz	
4	多段速度设置（高速）	60 Hz	0～400 Hz	
5	多段速度设置（中速）	30 Hz	0～400 Hz	
6	多段速度设置（低速）	10 Hz	0～400 Hz	
7	加速时间	5 s	0～3 600 s	当Pr. 21 =0
			0～360 s	当Pr. 21 =1
8	减速时间	5 s	0～3 600 s	当Pr. 21 =0
			0～360 s	当Pr. 21 =1
13	启动频率	0.5 Hz	0～60 Hz	
15	点动频率	5 Hz	0～400 Hz	
16	点动加/减速时间	0.5 s	0～3 600 s	当Pr. 21 =0
			0～360 s	当Pr. 21 =1
19	基底频率电压	9 999	0～1 000 V 8 888、9 999	8 888：电源电压的95% 9 999：与电源电压相同

续表

参数号 Pr	名　称	默认值	设置范围	备　注
20	加/减速基准频率	50 Hz	1 ~ 400 Hz	
21	加/减时间单元	0	0、1	0：0 ~ 3 600 s 1：0 ~ 360 s
60	智能模式选择	0	0 ~ 8	
71	适用电动机	0	0 ~ 8、13 ~ 18、20、23、24	0：适合标准电动机的热特性
77	参数写入禁止选择	0	0、1、2	
79	操作模式选择	0	0 ~ 8	0：PU 或外部操作可切换 1：PU 操作模式 2：外部操作模式

表 2-5　参数的功能叙述

参数功能参数号	名　称	备　注
0	转矩提升	在 u/f 系统中，由于连线及电动机绕组的电压降引起的有效电压衰减，使电动机转矩不足，在低速时，非常明显。所以预先估计电压降并增加电压以补偿低速时转矩的不足，这就是转矩提升
1	上限频率	如果频率设置值高于此上限频率值，则输出频率被钳位在上限频率
2	下限频率	如果频率设置值低于此下限频率值，则输出频率被钳位在下限频率
3	基底频率	用于调整变频器输出频率到电动机的额定值，当用恒转矩电动机时，通常额定频率设置为 50 Hz
4	多段速度设置（高速）	高速频率最好不要超过它的上限频率（默认 120 Hz），低速频率也不要小于启动频率（否则无法启动）
5	多段速度设置（中速）	
6	多段速度设置（低速）	
7	加速时间	用于设置电动机加/减时间。慢慢地加速时设置为较大值，快速加速时设置为较小值。具体量程取决于参数 Pr. 21 的设置值
8	减速时间	
13	启动频率	设置在启动信号 ON 时的开始频率，启动频率必须小于设置频率，否则变频器将不能工作 注意：当 Pr. 13 设置值小于 Pr. 2 的设置值时，即使没有指令频率输出，只要启动信号为 ON，电动机也可在设置频率下旋转
15	点动频率	请把 Pr. 15 "点动频率" 的设置值设置在 Pr. 13 "启动频率" 的设置值之上
16	点动加/减速时间	对于点动运行，加速时间和减速时间不能分别设置
19	基底频率电压	用于调整变频器输出电压到电动机额定值
20	加/减速基准频率	Pr. 7 中设置值是从 0 Hz 到达 Pr. 20 所设置频率的加速时间 Pr. 8 中设置值是从 Pr. 20 到达 0 Hz 所设置频率的减速时间
21	加/减时间单位	用于设置加/减时间最小设置单位 设置值 "0"：范围为 0 ~ 3 600 s，最小设置单位为 0. 1 s 设置值 "0"：范围为 0 ~ 360 s，最小设置单位为 0. 01 s
60	智能模式选择	根据使用需要，选择精确的控制。本实验采用默认值即可
71	适用电动机	0：适合标准电动机的热特性（默认为 0） 2：适合通用电动机的特性，V/F5 点可调整控制
77	参数写入禁止选择（可选择参数写入禁止或允许。此功能用于防止参数值被意外改写）	0：仅限于停止可以写入。在 PU 模式下，仅限于停止时可以写入 1：不可写入参数。Pr. 75、Pr. 77 和 Pr. 79 可写入 2：即使运行时也可以写入

续表

参数功能参数号	名　称	备　注
79	操作模式选择	0：PU 和外部操作可切换 1：PU 操作模式 2：外部操作模式

注：① 由于在变频器内有漏电流，为了防止触电，在使用以前，请确保变频器和电动机接地正确。

② 由于本实验使用的电源是 380 V，因此在使用时，千万要当心。

③ 对于点动运行，加速时间和减速时间不能分别设置。

④ 请把 Pr. 15 “点动频率” 的设置值设置在 Pr. 13 “启动频率” 的设置值之上。

二、操作方法

1. 按 MODE 键改变监视显示

设置步骤如图 2-19 所示。

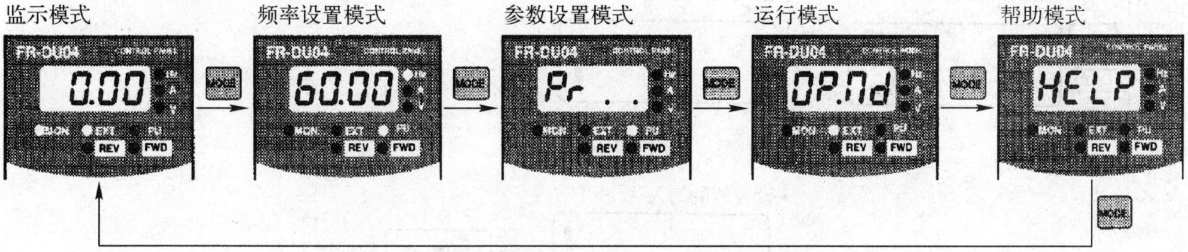

图 2-19　改变监视显示步骤

注：频率设置模式仅当操作模式为 PU 操作模式时显示。

2. 在特定操作模式下的功能设置

(1) 监视模式

① EXT 指示灯亮表示外部操作；

② PU 指示灯亮表示 PU 操作；

③ EXT 和 PU 灯同时亮表示 PU 和外部操作组合方式。

监视显示在运行中也能改变，设置步骤如图 2-20 所示。

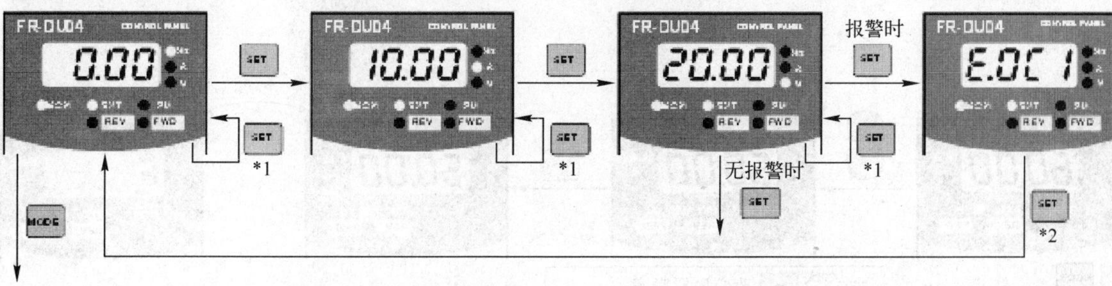

图 2-20　监视显示在运行中改变步骤

注：① 按下标有 ∗1 的 SET 键超过 1.5 s 能把监视模式改为上电监视模式。

② 按下标有 ∗2 的 SET 键超过 1.5 s 能显示包括最近 4 次的错误指示。

(2) 频率设置

在 PU 操作模式下，用操作面板设置运行频率。设置步骤如图 2-21 所示。

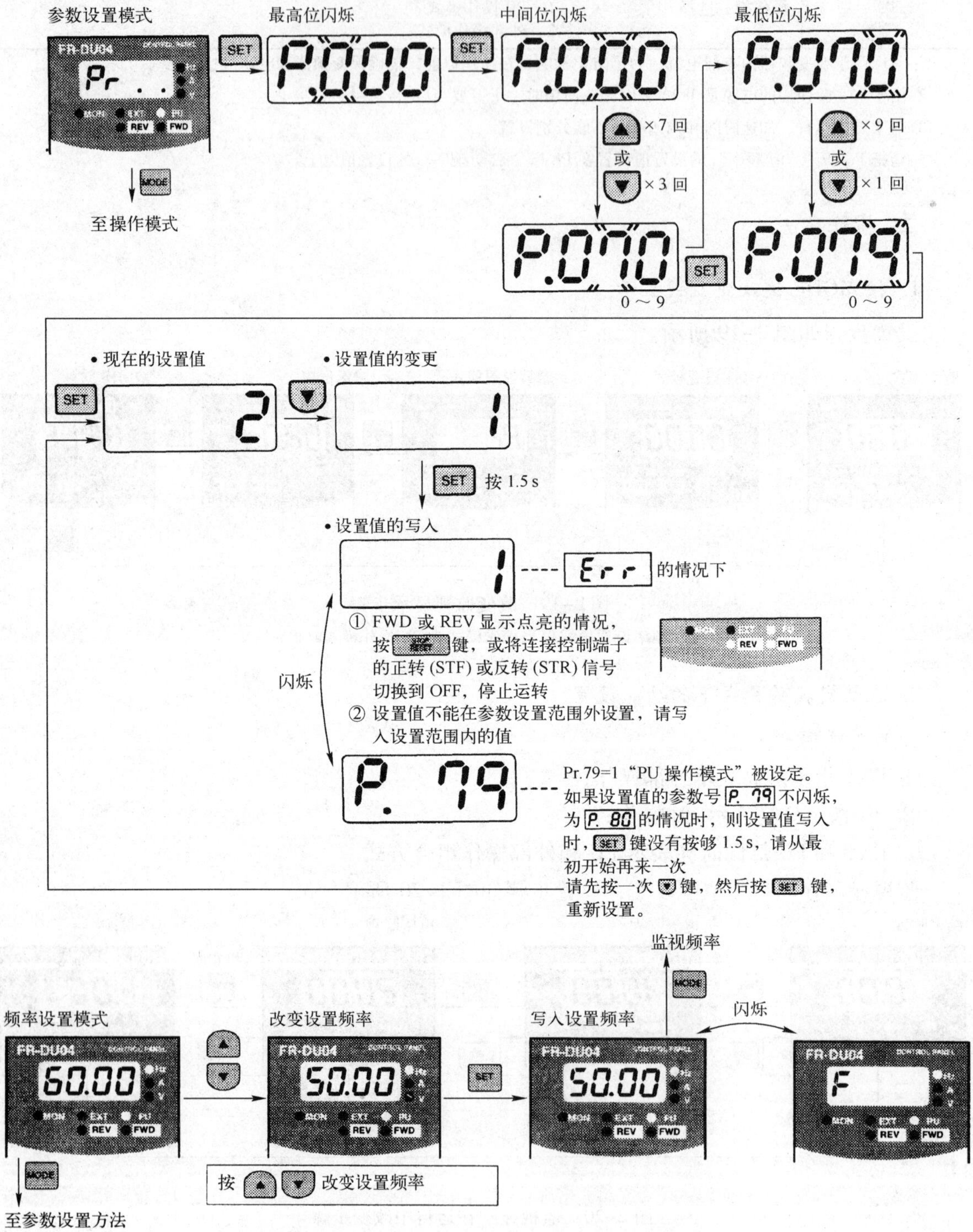

图 2-21 在 PU 操作模式下操作面板设置运行频率步骤

(3) 参数设置方法

在操作变频器时，通常要根据负载和用户的要求向变频器输入一些指令，如上限和下限频率的大小、加速和减速时间的长短等。另外，要完成某种功能，例如采用组合操作方式，也要输入相应的指令。

如果须将操作模式设置为 PU 操作模式，即 Pr. 79 = 1 可按以下步骤进行：

① 按 MODE 键改变设置模式，使显示器显示为“参数设置模式”。

② 按 SET 键和▲/▼键设置 Pr. 79 = 1。

③ 按 SET 键 1.5 s 写入设置。

如果此时显示器交替显示参数号即 Pr. 79 和参数 1，则表示参数设置成功，否则设置失败，须重新设置。设置步骤如图 2-22 所示。

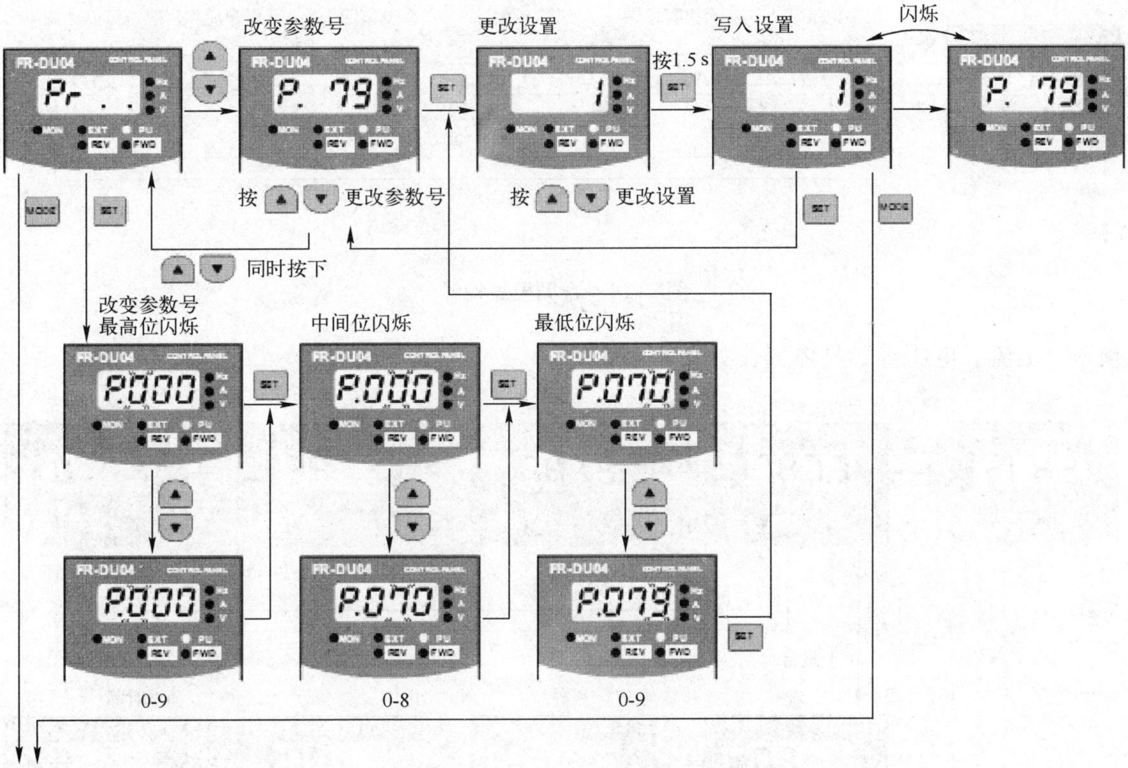

图 2-22　参数设置步骤

(4) 操作模式的切换（见图 2-23）

(5) 帮助模式操作（见图 2-24）

在 HELP 状态下，按 UP/DOWN 键改变帮助模式。

(6) 报警记录

在报警记录 E. H15 模式下用 UP/DOWN 键能显示最近的 4 次报警。（带有“.”的表示最近的报警）。当没有报警存在时，显示 E. _ _ 0. 。在报警记录下也可查看报警发生时的

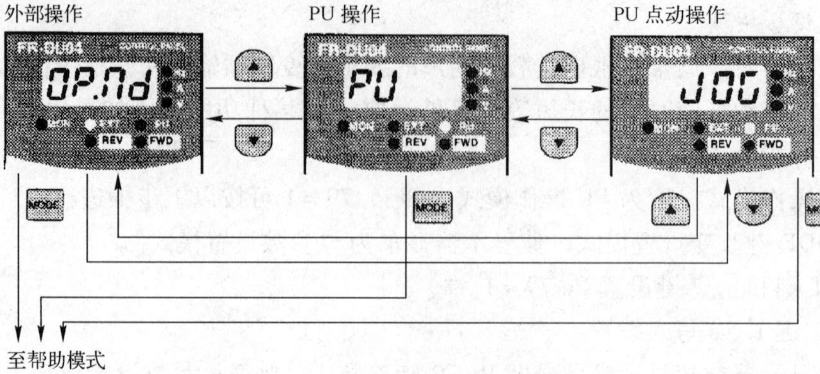

图 2-23　操作模式的切换

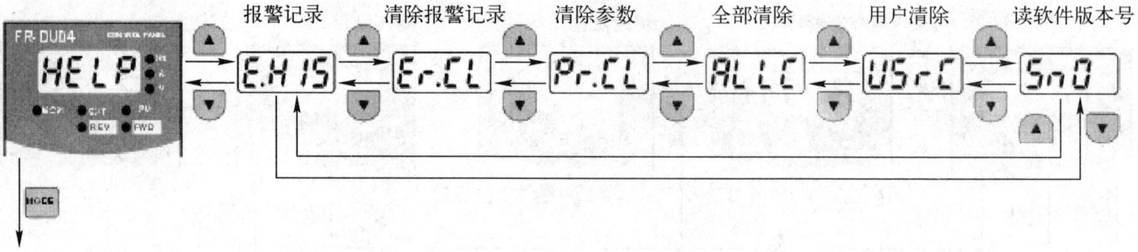

图 2-24　帮助模式操作

频率、电流、电压等，具体操作如图 2-25 所示。

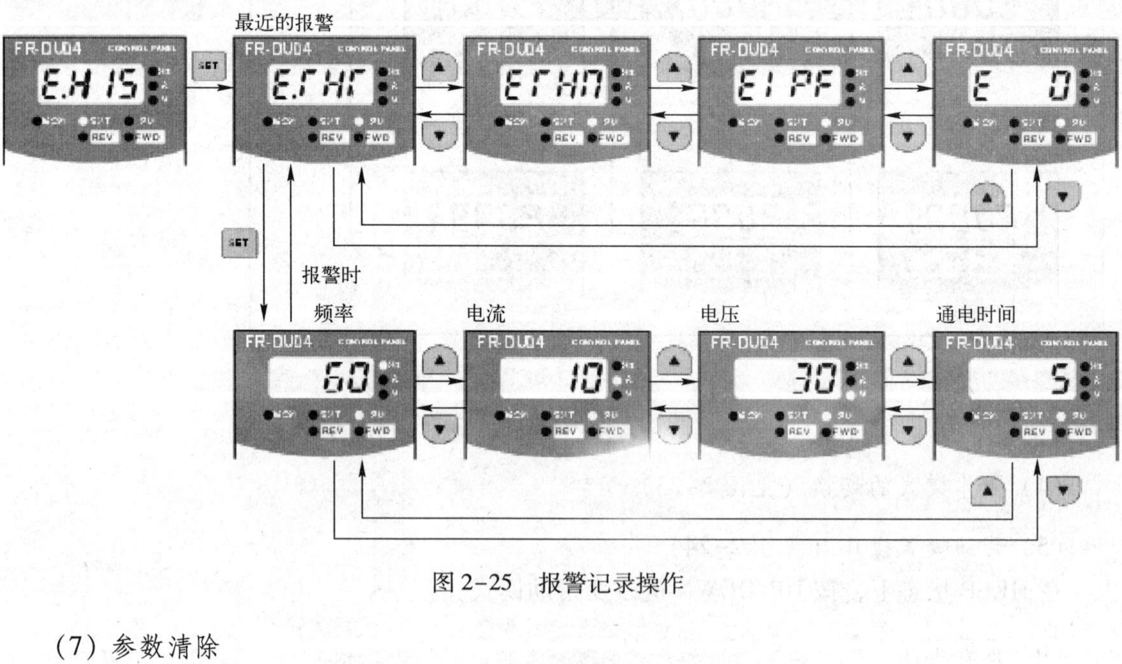

图 2-25　报警记录操作

(7) 参数清除

将参数值初始化到出厂设置值，标准值不被初始化。具体操作如图 2-26 所示。

全部消除，将参数值和校准值全部初始化到出厂设置值，如图 2-27 所示。

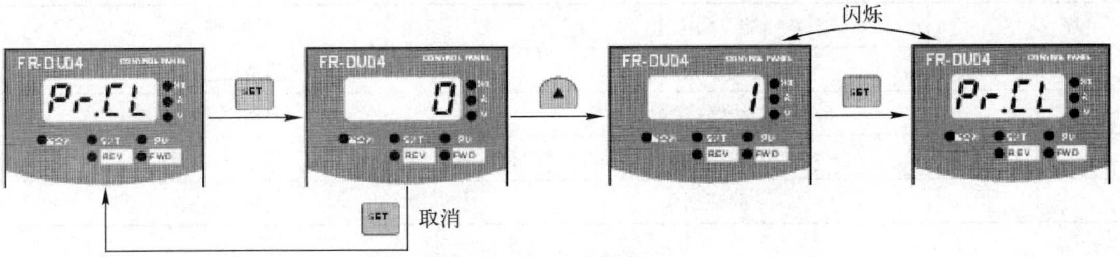

图 2-26　参数值初始化

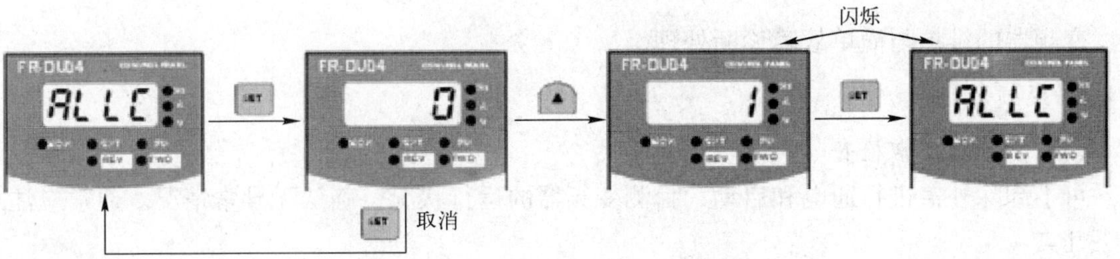

图 2-27　参数值和校准值全部初始化

任务实施

具体实施步骤如下：

① 按照变频器外部接线图（见图 2-28）完成变频器的接线。

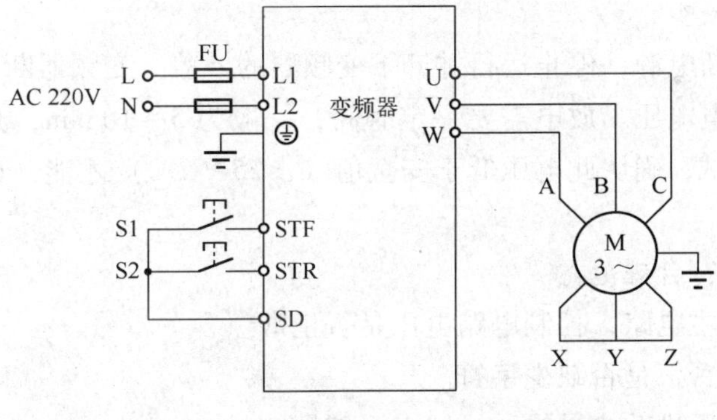

图 2-28　变频器控制电动机正反转运行外部接线图

② 打开电源开关，按照参数功能表正确设置变频器参数。

③ 按下按钮 S1，观察并记录电动机运转情况。

④ 松开按钮 S1，按下按钮 S2，观察电动机运转情况有什么变化。

⑤ 改变 P7、P8 的值，再观察电动机运转状态的变化。

综合评价

完成任务后，对照下表，查看这些能力点是否都掌握了，在相应的方框中打勾。

序　号	能 力 点	掌 握 情 况
1	各设置参数的输入	□是　□否
2	线路接线	□是　□否
3	程序运行	□是　□否
4	验证结果	□是　□否

拓展内容

变频器的维护与简单故障诊断处理。

1. 变频器的维护

(1) 变频器日常检查

可不卸除外盖进行通电和启动，目测变频器的运行状况，确认无异常情况。通常应注意如下几点：

① 键盘面板显示是否正常。

② 变频器、电动机、变压器、电抗器是否过热、变色或有异味，有无异常的噪声、振动和气味。

③ 变频器电动机是否有异常振动、异常声音。

④ 周围环境是否符合标准规范。

⑤ 冷却系统是否异常。

(2) 变频器定期检查

定期检查时要切断电源，停止运行并卸下变频器的外盖。变频器断电后，主电路滤波电容器上仍有较高的充电电压。放电需要一定时间，一般为 5 ~ 10 min，必须等待充电指示灯熄灭，并用电压表测试，确认此电压低于安全值（ <25 V DC）才能开始检查作业。主要的检查项目如下：

① 周围环境是否符合规范。

② 用万用表测量主电路，控制电路电压是否正常。

③ 显示面板清楚否，是否缺少字符。

④ 框架结构件有无松动，导体、导线有无破损。

⑤ 检查滤波电容器有无漏液，电容量是否降低。

⑥ 电阻、电抗、继电器、接触器检查，主要看有无断线。

⑦ 印制电路板检查应注意连接有无松动、电容器有无漏液、板上线条有无锈蚀及断裂等。

⑧ 冷却风扇和通风道检查。

2. 变频器的一般故障诊断处理

(1) 参数设置类故障的处理

一旦发生了参数设置类故障后，变频器都不能正常运行，一般可根据说明书修改参数。如果以上不行，最好能够把所有参数恢复到出厂值，然后重新设置，注意对于各类系统的变频器其参数恢复方式也不相同。

(2) 过压类故障

变频器的过电压集中表现在直流母线的直流电压上。正常情况下，变频器直流电为三相全波整流后的平均值。若以380 V线电压计算，则平均直流电压 $U_d = 1.35U_{线} = 513$ V。在过电压发生时，直流母线的储能电容将被充电，当电压上至760 V左右时，变频器过电压保护动作。因此，变频器都有一个正常的工作电压范围，当电压超过这个范围时很可能损坏变频器。常见的是输入交流电源过压超过正常范围，一般发生在节假日负载较轻、电压升高或降低而线路出现故障，此时最好断开电源，检查处理。

(3) 过流故障

过流故障可分为加速、减速、恒速过电流。其可能是由于变频器的加减速时间太短、负载发生突变、负荷分配不均，输出短路等原因引起的。这时一般可通过延长加减速时间、减少负荷的突变、外加能耗制动元件、进行负荷分配设计、对线路进行检查。如果断开负载变频器还是过流故障，说明变频器逆变电路已环，需要更换变频器。

(4) 过载故障

过载故障包括变频过载和电动机过载。其可能是加速时间太短，直流制动量过大、电网电压太低、负载过重等原因引起的。一般可通过延长加速时间、延长制动时间、检查电网电压等。负载过重，所选的电动机和变频器不能拖动该负载，也可能是由于机械润滑不好引起。如果是前者，则必须更换大功率的电动机和变频器；如果是后者，则要对生产机械进行检修。

思考与练习

1. 变频器为什么要设置上限频率和下限频率？

2. 变频器为什么具有加速时间和减速时间设置功能？如果变频器的加速时间、减速时间设为零，启动时会出现什么问题？

3. 为什么变频器的输出频率要与电动机的额定频率一致？

4. 设置变频器运行最高频率为100 Hz的操作步骤。

任务3　变频器的其他常见功能

任务描述

某居民小区共有10栋楼，均为7层建筑，总居住560户，为了能够保证用户出水口压力稳定，利用变频调速技术，与PID控制、PLC控制、单片机控制有机结合，构成变频器控制的恒压供水系统，根据用户用水量调节水泵转速从而调节供水流量，请为其设计一个恒压供水系统。

任务分析

城市自来水管网的水压一般规定保证6层以下楼房的用水，其余上部各层均须“提升”水压才能满足用水要求。传统的恒压供水方式是采用水塔、高位水箱、气压罐等设施实现的，但它们都必须由水泵以高出实际用水高度的压力来“提升”水量，其结果增大了水泵的轴功率和能耗。

恒压供水的控制目的是使用户在任何时候，不管用水量的大小，总能保持管网中水压的基本稳定。这样，既可满足各用户、各部门用水的需求，又可在用水量小的时候，减少水泵的开机台数或降低水泵的转速，不使电动机空转，以保持管网压力的恒定，达到节能的目的。

知识导航

下面介绍一下变频器的其他常见功能。

一、节能运行

该功能主要用于冲压机械和精密机床，其目的是为了节能和降低振动。在利用该功能时，变频器在电动机选择功能。该功能的作用是用一台变频器分别驱动的加速过程中将以最大输出功率运行，而在电动机进行恒速运行的过程中，则自动将功率降至设置值。该功能对于实现精密机床的低振动化也很有效。

二、多 *u/f* 选择功能

该功能的作用是用一台变频器分别驱动几台特性各异的电动机或用变频器驱动变极电动机以得到较宽的调速范围。利用变频器的这个功能，可以根据电动机的不同特性设置不同的 *u/f* 值。

三、PID 功能

属于一种反馈控制功能，用于控制变频器的调节速度和快速相应性。

PID 是比例（P）、积分（I）、微分（D）调节器的总称。

① 比例调节器：指同相比例放大器或反相比例放大器，其调节速度快、线性好，但存在静差。

② 积分调节器：无静差，但反馈滞后。

③ 微分调节器：反应速度快。

反馈信号取自拖动系统的输出端，当输出量偏离所要求给定的值时，反馈信号成比例的变化。在输入端，给定信号与反馈信号相比较，存在一个偏差值。对该偏差值，经过 P、I、D 调节，变频器通过改变输出频率，迅速、准确地消除系统的偏差，恢复到给定值。

四、自整定功能

自整定功能也称自调谐或自学习功能，指将实际电动机的参数录入变频器，与变频器内标准电动机参数进行比较，从而自动给出系统正常运行状态的过程。

在矢量控制运行时，必须先要进行电动机参数调谐，以获得被控电动机的准确参数。在执行自动调谐前，必须脱开电动机与机械负载的连接，使电动机处于完全空载状态。如果不进行调谐或者调谐参数不准，就会出现一些意想不到的结果。

五、停止时直流制动

该功能的作用是为了在不使用机械制动器的条件下仍能使电动机保持停止状态。当变频器通过降低输出频率使电动机减速，并达到预先设置的频率时，变频器将给电动机加上直流电压，使电动机绕组中流过直流电流，从而达到进行直流制动的目的。

六、运行前直流制动

对于泵、风机等机械设备来说，由于电动机本身有时能处于在外力的作用下进行自由运行的状态，而且其方向也处于不定状态，具有该功能的变频器在对电动机进行驱动时，将自动对电动机进行直流制动，并在使电动机停止后开始正常的调速控制。

七、自寻速跟踪功能

对于风机、绕线机等惯性负载来说，当由于某种原因使变频器暂时停止输出，电动机进入自由运行状态时，具有这种自寻速跟踪功能的变频器可以在没有速度传感器的情况下自动寻找电动机的实际转速，并根据电动机转速自动进行加速，直至电动机转速达到所需转速，而无须等到电动机停止后再进行驱动。

八、瞬时停电后自动再启动功能

该功能的作用是在发生瞬时停电时，使变频器仍然能够根据原定工作条件自动进入运行状态，从而避免进行复位、再启动等烦琐操作，保证整个系统的连续运行。该功能的具体实现是在发生瞬时停电时利用变频器的自寻速跟踪功能，使电动机自动返回预先设置的速度。通常当瞬时停电时间在 2 s 以内时，可以使用变频器的这个功能。

九、电网电源/变频器切换运行功能

因为在用变频器进行调速控制时，变频器内部总是会有一些功率损失，所以在需要以电网电源频率进行较长时间的恒速驱动时，有必要将电动机由变频器驱动改为电网电源直接驱动，从而达到节能的目的。与此相反，当需要对电动机进行调速驱动时，又需要将电动机由电网电源直接驱动改为变频器驱动。而变频器的电网电源/变频器切换运行功能就是为了满足上述目的而设置的。

在需要将电动机由电网电源直接驱动改为变频器驱动时将要用到变频器的自寻速跟踪功能。

十、现场总线与网络控制功能

新型变频器通常以选件的形式满足各种不同种类的现场总线和网络控制的需要。具有网络控制功能的变频器可以通过上位机很方便地实现频率设置，参数上传、下载、复制，系统状态设置，远程监控与诊断等功能，以满足提高生产线自动化水平和系统可靠性的需要。

任务实施

根据需要设计电路图如图 2-29 所示。

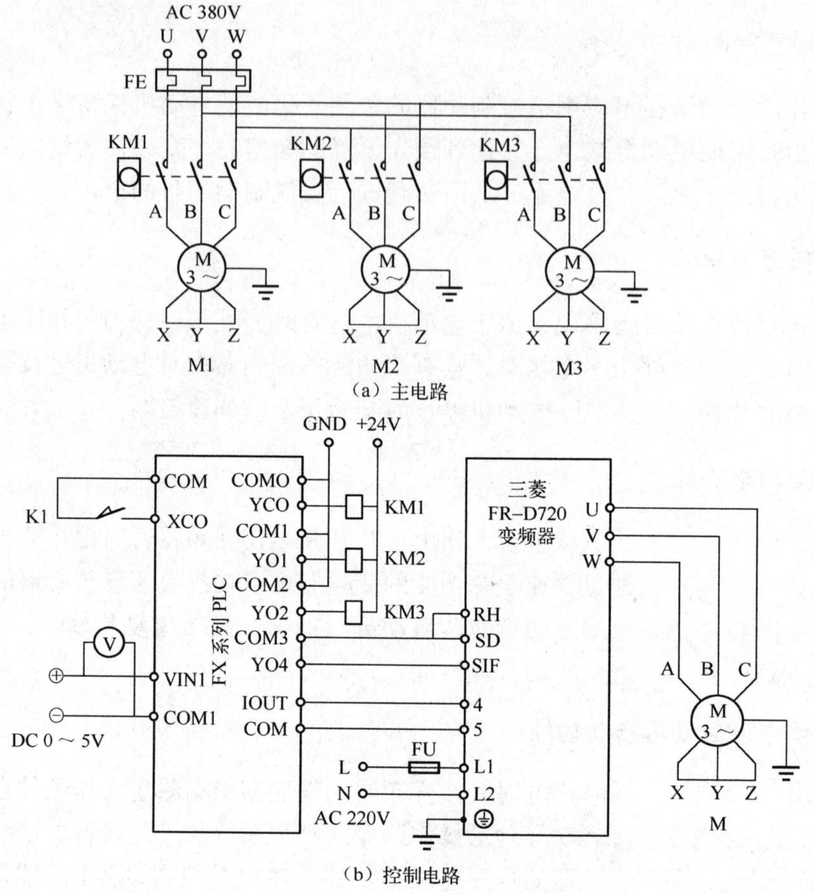

图 2-29 变频器外部接线图

图中 K1 为外部端子控制电动机启动/停止按钮。控制功能：反馈压力信号通过外部调节旋钮（电位器）给定范围 0～+5 V DC 标准信号进行模拟，同时用直流电压表监视输入电压的大小，与系统设置的恒定压力相比较。在系统反馈信号大约在 1.25 V 以下时由电动机 M1、M2、M3 和变频器给系统供水；当压力反馈信号大于 1.25 V 小于 2.5 V 以下时，由电动机 M1、M2 和变频器给系统供水；当压力反馈信号大于 2.5 V 小于 3.75 V 时，由电动机 M1 和变频器给系统供水；当压力反馈信号大于 3.75 V 小于 5 V 时，由变频器给系统供水。参数功能表如表 2-6 所示。

表 2-6 参数功能表

序 号	变频器参数	设 置 值	功能说明
1	Pr. 1	50	上限频率（50 Hz）
2	Pr. 2	0	下限频率（0 Hz）
3	Pr. 7	5	加速时间（5 s）
4	Pr. 8	5	减速时间（5 s）
5	Pr. 9	0.35	电子过电流保护（0.35 A）
6	Pr. 160	0	扩张功能显示选择

续表

序　　号	变频器参数	设　置　值	功能说明
7	Pr. 79	2	操作模式选择
8	Pr. 182	4	端子4输入

综合评价

完成任务后，对照下表，查看这些能力点是否都掌握了，在相应的方框中打勾。

序　　号	能　力　点	掌握情况
1	各设置参数的输入	□是　□否
2	线路接线	□是　□否
3	程序运行	□是　□否
4	模拟验证结果	□是　□否

拓展内容

变频器简单故障诊断处理方法。

1. 电动机不能启动

其故障流程图如图2-30所示。

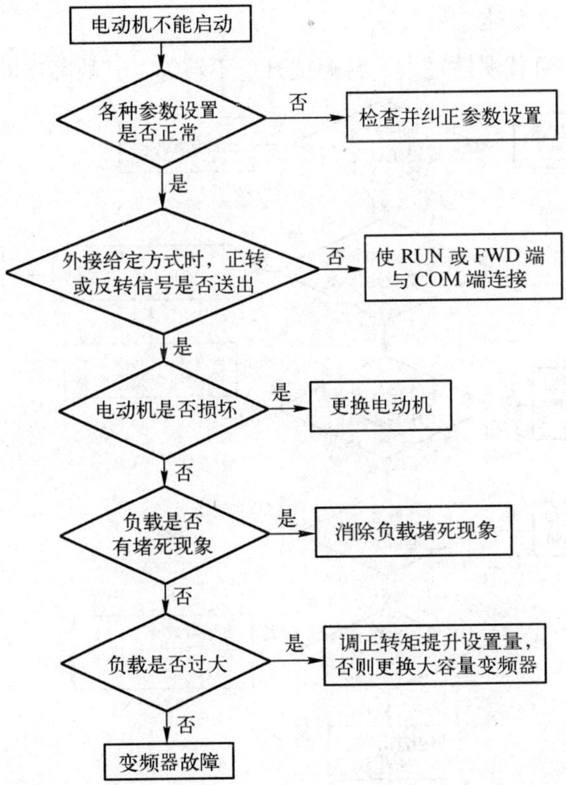

图2-30　电动机不能启动的故障流程图

2. 电动机运行但不能调速

原因：极限频率设置不当，运行设置与操作不对应，或加减速时间设置值过大，其故障诊断流程如图 2-31 所示。

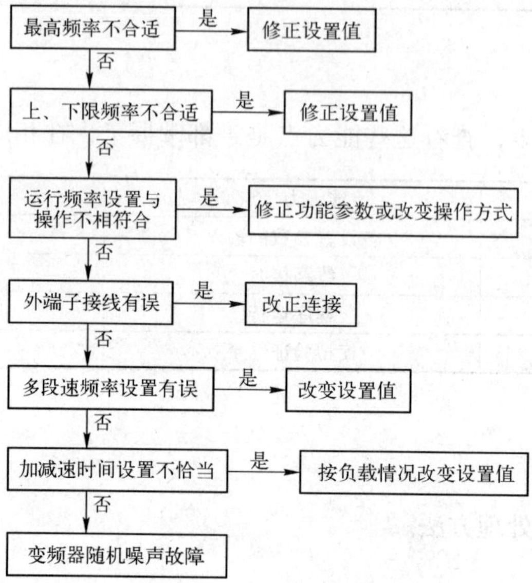

图 2-31　电动机运行但不能调速故障诊断流程

3. 电动机加速过程中失速

原因：加速时间短，负载惯性过大，转矩提升量不够等，其故障诊断流程如图 2-32 所示。

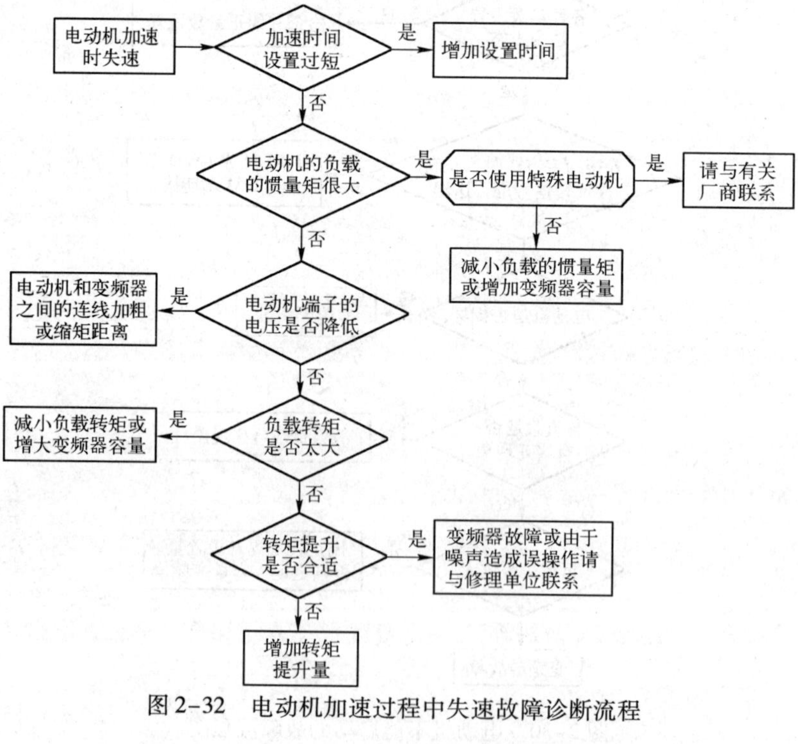

图 2-32　电动机加速过程中失速故障诊断流程

思考与练习

1. 变频器有哪些保护功能需要进行设置？
2. 变频器节能控制功能有什么意义？
3. 说明设置变频器 PID 功能的意义。

项 目 实 训

实训1　变频器的面板操作

一、实训目标

① 了解变频器的额定参数及其意义。
② 了解变频器各功能按键的使用方法。
③ 掌握变频器键盘的运行控制操作。
④ 掌握变频器运行状态监视的操作。

二、实训器材

① 三菱交流变频调速器。（FR－A540 带 FR－DU04 面板）1 台。
② 变频调速系统实验电气控制箱 1 台。
③ 电工工具 1 套。
④ 连接导线若干。

三、实训步骤

1. 设置频率运行

例如，在 50 Hz 状态下运行。操作步骤如下：
① 接通电源，显示监示显示画面。
② 按 PU/EXT 键设置 PU 操作模式。
③ 旋转设置用旋钮，直至监示用 3 位 LED 显示框显示出希望设置的频率。约 5 s 闪灭。
④ 在数值闪灭期间按 SET 键设置频率数。此时若不按 SET 键，闪烁 5s 后，显示回到 0.0。还需重复第③步，重新设置频率。
⑤ 约闪烁 3 s 后，显示回到 0.0 状态，按 RUN 键运行。
⑥ 变更设置时，请进行上述的③、④步的操作。（从上次的设置频率开始）
⑦ 按 STOP/RESET 键，停止运行。

2. 参数设置

操作步骤如下。例如，把 Pr. 7 的设置值从 5 s 改为 10 s)：

① 接通电源，显示监示显示画面。

② 按PU/EXT键选中 PU 操作模式，此时 PU 指示灯亮。

③ 按MODE键进入参数设置模式。

④ 拨动设置用按钮，选择参数号码，直至监示用三位 LED 显示 P7。

⑤ 按SET键读出现在设置的值。(出厂时默认设置值为 5)

⑥ 拨动设置用按钮，把当前值增加到 10。

⑦ 按SET键完成设置值。

四、能力评价

完成任务后，对照下表，对每个学生进行项目考核。

序　号	考 核 项 目	掌 握 情 况
1	说明变频器面板的外部特征	□是　□否
2	说明变频器面板的功能	□是　□否
3	实时监视变频器的运行状态	□是　□否
4	查看实时运行参数	□是　□否

实训 2　变频器的功能预置

一、实训目标

① 掌握变频器各功能按键的使用方法。

② 学会根据工程需要正确地选择功能码。

③ 熟练地进行变频器功能码的设置。

④ 熟练地操控变频器的运行。

二、实训器材

① 三菱交流变频调速器 FR – A540 1 台。

② 变频调速系统实验电气控制箱 1 台。

③ 三相笼形异步电动机 1 台。

④ 电工工具 1 套。

⑤ 连接导线若干。

三、实训步骤

1. 参数设置训练

① 下限频率设置为 5 Hz。

② 加速时间设置为 3 s。

③ 减速时间设置为 8 s。

④ 将 Pr. 79 “操作模式选择” 的设置值由 “2” 变为 “1”。

2. 试运行

PU点动运行：

① 按MODE键至“运行模式”。

② 按▲/▼键至PU点动操作，确认PU灯亮。

③ 按住REV或FWD键电动机旋转，松开则电动机停转。

3. 变频器的PU运转

① 设置运行频率为60 Hz，按FWD（或REV）键，电动机启动，用转速表测出电动机转速，读出相应输出电压值，将结果填入表2-7中。

表2-7 输出特性测量值

频率/Hz	60	50	40	30	25
转速/（r/min）					
输出电压/V					

② 按▲/▼键，按表中频率值改变运行频率，测出各相应的转速及电压值，将结果填入表2-7。

四、能力评价

完成任务后，对照下表，对每个学生进行项目考核。

序　号	考核项目	掌握情况
1	变频器功能码的作用	□是　□否
2	功能码的设置	□是　□否
3	功能码的修改	□是　□否
4	多挡转速控制的实施	□是　□否

项目3　变频器的控制方式

异步电动机主要有机械特性的硬度、低频时带负载能力、启动转矩、调速范围和动态响应能力等5个技术指标。现在很多变频器还使用矢量控制的方式，这是一种高性能的调频控制方式，可以使异步电动机的调速性能更加优良。另外，在变频调速系统中，以变频器为核心可以组成单向点动及连续运行、多段速度的控制，以及变频与工频自动切换的控制等多种基本控制电路。

学习目标

一、知识目标

① 理解变频器的恒压频比控制及实现恒压频比控制的方法。

② 了解变频器矢量控制的基本思想，掌握矢量控制要求。

③ 掌握变频器的多段速度控制方式。

④ 掌握变频器的变频与工频自动切换电路。

二、技能目标

① 掌握变频器 u/f 控制功能的选择。

② 掌握选择 u/f 控制曲线时常用的操作方法。

③ 掌握变频器的多段速度运行操作过程。

④ 熟练掌握变频器的变频与工频切换电路的安装与调试。

任务1　变频器的控制模式

任务描述

某厂两台料浆泵配用90 kW 电动机，额定电流为164 A。选用富士 FRN90P9S－4CE 变频器，额定电流 176 A。在系统启动过程中频率约在 12 Hz 时电动机堵转，随后变频器过流跳闸，启动失败数次。试分析其控制方式及故障的原因。

任务分析

控制方式是决定变频器使用性能的关键所在，只要按负载的特性满足使用要求即可。表3-1中各控制方式的参数供选用时参考。

表 3-1　控制方式及参数

控制方式	u/f控制		电压空间矢量控制	矢量控制		直接转矩控制
反馈装置	不带 PG	带 PG 或 PID 调解器	不要	不带 PG	带 PG 或编码器	不要
速比 i	<1∶40	1∶60	1∶100	1∶100	1∶100	1∶100
启动转矩（在 3 Hz）	150%	150%	150%	150%	零速度时为 150%	零速度时为 > 150% ~200%
静态速度精度/%	±(0.2 ~ 0.3)	±(0.2 ~ 0.3)	±0.2	±0.2	±0.02	±0.2
适用场合	一般风机、泵类	较高精度调速、控制	一般工业上的调速或控制	所有调速或控制	伺服拖动、高精度传动、转矩控制	重载启动、起重负载转矩控制系统，恒转矩波动大的负载

根据任务分析此控制方式为转矩补偿控制。在电动机变频调速过程中，当频率比较低时，其输出电压也比较低。由于电动机定子绕组的阻值不变，在低频时使流过绕组的电流下降，绕组的电流下降，电动机的转矩不足；另一方面，由于工作场合不同，变频器输出转矩的要求也不同。变频器利用增加输出电压来提高电动机转矩的方法，称为转矩补偿法。转矩补偿是变频器的一种基本功能，转矩补偿量的大小及补偿后的 u/f 曲线形状是由功能参数码设置的。

知识导航

变频器的控制方式是指变频器在对异步电动机进行变频调速时，改善异步电动机的机械性能和调速性能的方式。电动机的特性主要有机械特性的硬度、低频时带负载能力、启动转矩、调速范围和动态响应能力等 5 个技术指标。

目前，变频器采用的控制方式可分为：u/f 控制、转差频率控制（SF）、矢量控制（VC）和直接转矩控制等方式。

一、变频变压控制（u/f）

u/f 控制即压频比控制。u/f 控制方式是指在变频调速过程中为了保持主磁通的恒定，而使 u/f = 常数的控制方式，这是变频器的基本控制方式。此方式控制成本低，多用于精度要求不高的通用变频器。

1. u/f 控制原理

在进行电动机调速时，通常是希望保持电动机中每极磁通量为额定值，并保持不变。如果磁通太弱就等于没有充分利用电动机的铁心，是一种浪费；如果过分增大磁通，又会使铁心饱和，过大的励磁电流使绕组过热损坏电动机。

u/f 控制是使变频器的输出在改变频率的同时也改变电压，通常是使 u/f 为常数，这样可使电动机磁通保持一定，在较宽的调速范围内，电动机的转矩、效率、功率因数不下降。

2. 恒 u/f 控制方式的机械特性

(1) 调频比和调压比

调频时，通常都是相对于其额定频率 f_N 来进行调节的，那么调频频率 f_X 就可以用式（3-1）表示：

$$f_x = k_f f_N \tag{3-1}$$

式中：

k_f：频率调节比（也叫调频比）。

根据变频也要变压的原则，在变压时也存在着调压比，电压 U_x 可用式（3-2）表示：

$$U_x = k_u U_N \tag{3-2}$$

式中：

k_u：调压比；

U_N：电动机的额定电压。

(2) 变频后电动机的机械特性

机械特性曲线图 3-1 的特征如下：

① 从 f_N 向下调频时，n_{0x} 下移，T_{KX}（变频时的临界转矩）逐渐减小。

② f_X 在 f_N 附近下调时：$k_f = k_u \to 1$，T_{KX} 减小很少，可近似认为 $T_{KX} \approx T_{KN}$，f_X 调的很低时：$k_f = k_u \to 0$，T_{KX} 减小很快。

③ f_X 不同时，临界转差 Δn_{KX}（临界转差）变化不是很大，所以稳定工作区的机械特性基本是平行的，且机械特性较硬。

(3) 对额定频率 f_N 以下变频调速特性的修正

① T_{KX} 减小的原因分析：

$$k_f \downarrow (k_u = k_f) \to \frac{\Delta U_X}{U_X} \uparrow \to \frac{E_X}{U_X} \downarrow \to \Phi_M \downarrow \to T_{KX} \downarrow$$

② 解决的办法：适当提高调压比 k_u，使 $k_u > k_f$，即提高 U_X 的值，使得 E_X 的值增加，从而保证 $E_X/f_X =$ 常数。这样就能保证主磁通 Φ_M 基本不变。最终使电动机的临界转矩得到补偿。$f_X > f_N$ 时，电动机近似具有恒功率的调速特性。u/f 采用电压补偿后的机械特性如图 3-2所示。

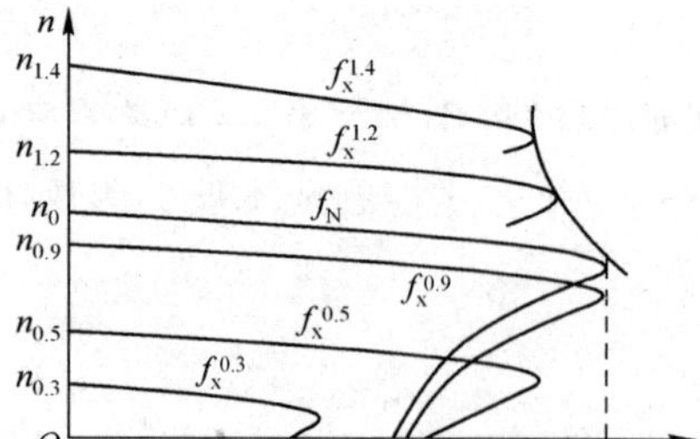

图 3-1　变频调速机械特性

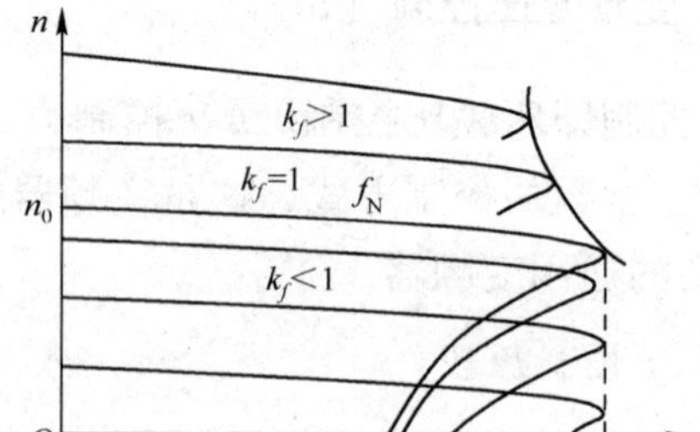

图 3-2　u/f 采用电压补偿后的机械特性

(4) 选择 u/f 控制曲线时常用的操作方法

① 将拖动系统连接好，带以最重的负载。

② 根据所带的负载的性质，选择一个较小的 u/f 曲线，在低速时观察电动机的运行情

况。如果此时电动机的带负载能力达不到要求，需将 u/f 曲线提高一挡。依此类推，直到电动机在低速时的带负载能力达到拖动系统的要求。

③ 如果负载经常变化，在②中选择的 u/f 曲线，还需要在轻载和空载状态下进行检验。方法是：将拖动系统带以最轻的负载或空载，在低速下运行，观察定子电流 I_1 的大小，如果 I_1 过大，或者变频器跳闸，说明原来选择的 u/f 曲线过大，补偿过分，需要适当调低 u/f 曲线。

二、转差频率控制（SF 控制）

1. 转差频率控制原理

转差频率与转矩的关系如图 3-3 所示，在电动机允许的过载转矩以下，大体可以认为产生的转矩与转差频率成比例。另外，电流随转差频率的增加而单调增加。所以，如果给出的转差频率不超过允许过载时的转差频率，就可以具有限制电流的功能。

为了控制转差频率虽然需要检出电动机的速度。但系统的加减速特性和稳定性比开环的 u/f 控制获得了提高，过电流的限制效果也变好。

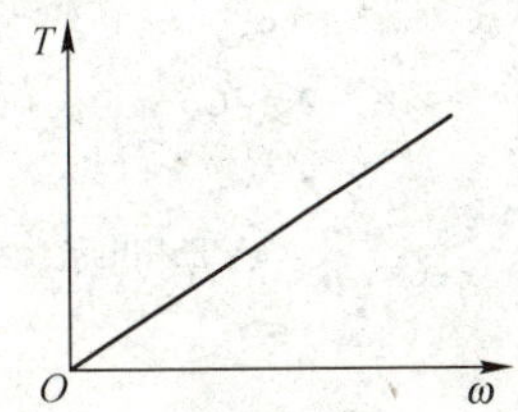

图 3-3　转差频率与转矩的关系

2. 转差频率控制的系统构成

图 3-4 为转差频率控制系统构成图。速度调节器通常采用 PI 控制。它的输入为速度设置信号 ω_2^* 和检测的电动机实际速度 ω_2 之间的误差信号。速度调节器的输出为转差频率设置信号 ω_s^*。变频器的设置频率即电动机的定子电源频率 ω_1^* 为转差频率设置值 ω_s^* 与实际转子转速 ω_2 的和。当电动机负载运行时，定子频率设置将会自动补偿由负载所产生的转差，保持电动机的速度为设置速度。速度调节器的限幅值决定了系统的最大转差频率。

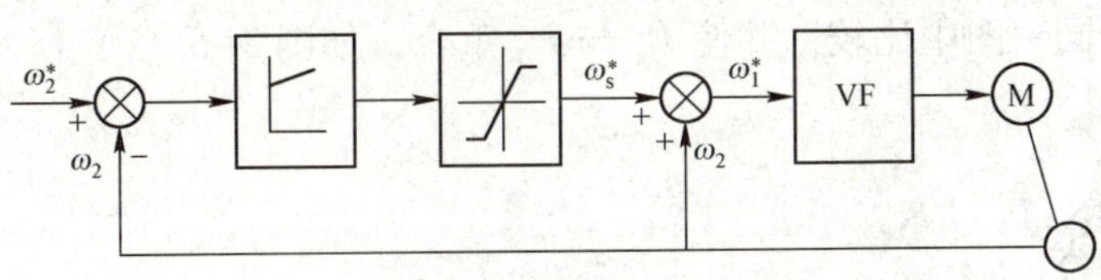

图 3-4　异步电动机的转差频率控制系统构成图

三、矢量控制（VC 控制）

1. 直流电动机与异步电动机调速上的差异

（1）直流电动机的调速特征

直流电动机具有两套绕组，即励磁绕组和电枢绕组，它们的磁场在空间上互差 π/2 的角度，两套绕组在电路上是互相独立的。

（2）异步电动机的调速特征

异步电动机也有定子绕组和转子绕组，但只有定子绕组和外部电源相接，定子电流 I_1

是从电源吸取电流，转子电流 I_2 是通过电磁感应产生的感应电流。因此，异步电动机的定子电流应包括两个分量，即励磁分量和负载分量。励磁分量用于建立磁场；负载分量用于平衡转子电流磁场。

2. 矢量控制中的等效变换

（1）坐标变换的概念

图 3-5 所示为异步电动机的几种等效模型。

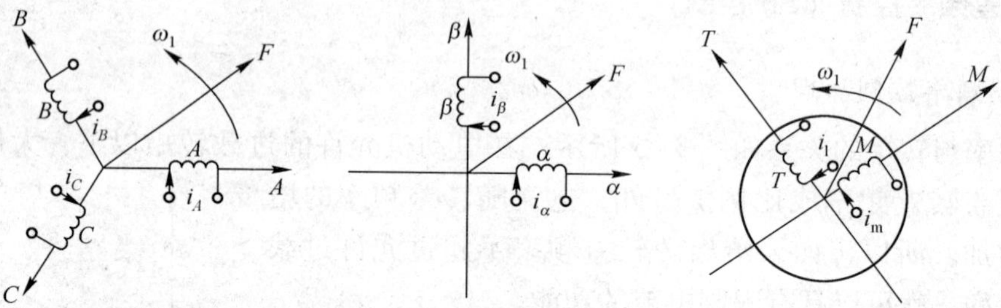

（a）三相电流绕组　（b）两相交流绕组　（c）旋转的直流绕组

图 3-5　异步电动机的几种等效模型

（2）三相/两相变换（3 s/2 s）

三相静止坐标系 A、B、C 和两相静止坐标系 α 和 β 之间的变换，称为 3 s/2 s 变换。变换原则是保持变换前的功率不变。

设三相对称绕组（各相匝数相等、电阻相同、互差 120°空间角）通入三相对称电流 i_A、i_B、i_C，形成定子磁动势，用 F_3 表示，如图 3-6（a）所示。两相对称绕组（匝数相等、电阻相同、互差 90°空间角）内通入两相电流后产生定子旋转磁动势，用 F_2 表示，如图 3-6（b）所示。适当选择和改变两套绕组的匝数和电流，即可使 F_3 和 F_2 的幅值相等。若将两种绕组产生的磁动势置于同一图中比较，并使 F_a 与 F_A 重合，如图 3-6（c）所示。

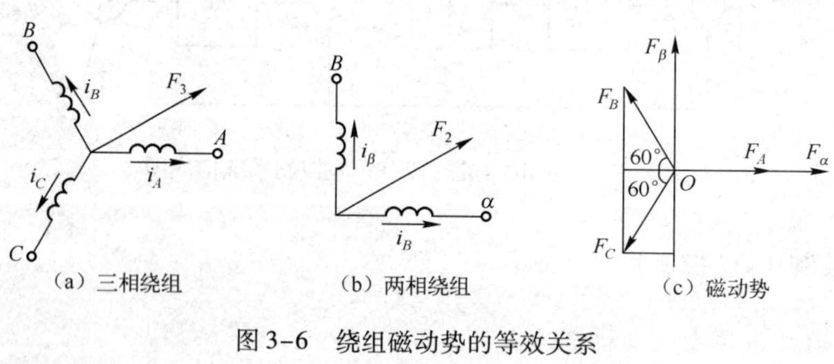

（a）三相绕组　（b）两相绕组　（c）磁动势

图 3-6　绕组磁动势的等效关系

（3）两相/两相旋转变换（2 s/2r）

两相/两相旋转变换又称为矢量旋转变换器，因为 α 和 β 两相绕组在静止的直角坐标系上（2 s），而 M、T 绕组则在旋转的直角坐标系上（2r），变换的运算功能由矢量旋转变换器来完成。图 3-7 所示为旋转变换矢量图。

3. 直角坐标/极坐标变换

在矢量控制系统中，有时需将直角坐标变换为极坐标，用矢量幅值和相位夹角表示矢量。图3-7中矢量 i_1 和 M 轴的夹角为 θ_1，若由已知的 i_{m}、i_{γ} 求 i_1 和 θ_1，则必须进行K/P变换，其关系公式为

$$i_1=\sqrt{i_{\mathrm{m}}^2+i_t^2} \tag{3-3}$$

$$\theta_1=\arctan\left(\frac{i_t}{i_{\mathrm{m}}}\right) \tag{3-4}$$

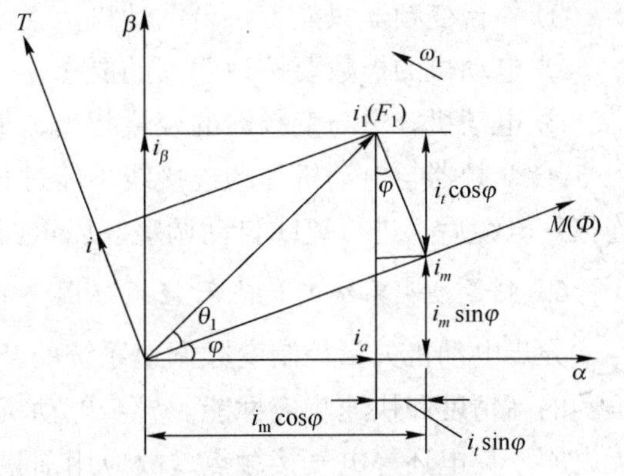

图3-7　旋转变换矢量图

4. 变频器矢量控制的基本思想

(1) 矢量控制的基本理念

在矢量变换控制系统的基本理念图3-8中，给定信号和反馈信号经过类似于直流调速系统所用的控制器，产生励磁电流的给定信号 i_M^* 和转矩电流的给定信号 i_T^*，经过直/交反旋转变换器变换得到 i_α^* 和 i_β^*，再经过两相/三相变换器变换得到 i_A^*、i_B^* 和 i_C^*。把这3个电流控制信号加到带电流控制的变频器上，就可以输出异步电动机调速所需的三相变频电流，实现了用模仿直流电动机的控制方法去控制异步电动机，使异步电动机达到了直流电动机的控制效果。

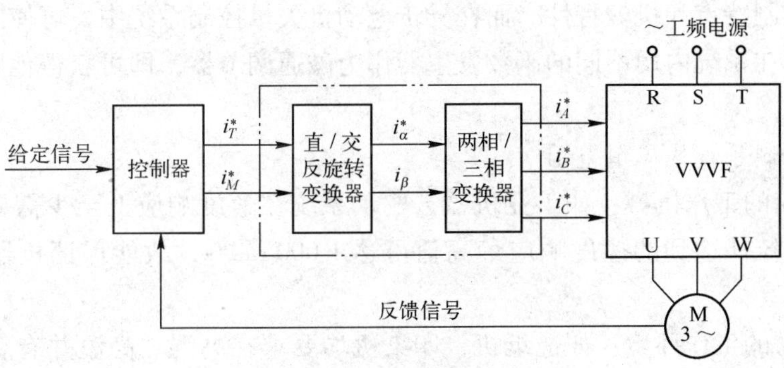

图3-8　矢量控制的示意图

(2) 矢量控制中的反馈

电流反馈用于反映负载的状态，使 i_T^* 能随负载而变化。速度反馈反映出拖动系统的实际转速和给定值之间的差异，从而以最快的速度进行校正，提高了系统的动态性能。速度反馈的信号可由脉冲编码器PG测得。现代的变频器又推广使用了无速度传感器矢量控制技术，它的速度反馈信号不是来自速度传感器，而是通过CPU对电动机的各种参数，如 I_1、r_2 等经过计算得到的一个转速的实在值，由这个计算出的转速实在值和给定值之间的差异来调整 i_{M}^* 和 i_{T}^*，改变变频器的输出频率和电压。

5. 使用矢量控制的要求

选择矢量控制模式，对变频器和电动机有如下要求：

① 一台变频器只能带一台电动机。

② 电动机的极数要按说明书的要求，一般以 4 极电动机为最佳。

③ 电动机容量与变频器的容量相当，最多差一个等级。

④ 变频器与电动机间的连接线不能过长，一般应在 30 m 以内。如果超过 30 m，需要在连接好电缆后，进行离线自动调整，以重新测定电动机的相关参数。

6. 矢量控制系统的优点和应用范围

异步电动机矢量控制变频调速系统的开发，使异步电动机的调速可获得和直流电动机相媲美的高精度和快速响应性能。异步电动机的机械结构又比直流电动机简单、坚固，且转子无电刷、集电环等电气接触点，故应用前景十分广阔。现将其优点和应用范围综述如下：

（1）矢量控制系统的优点

① 动态的高速响应：直流电动机受整流的限制，过高的 di/dt 是不容许的。异步电动机只受逆变器容量的限制，强迫电流的倍数可取得很高，故速度响应快，一般可达到毫秒级，在快速性方面已超过直流电动机。

② 低频转矩增大：一般通用变频器（VVVF 控制）在低频时的转矩常低于额定转矩，故在 5 Hz 以下不能带满负载工作。而矢量控制变频器由于能保持磁通恒定，转矩与 i_T 呈线性关系，故在极低频时也能使电动机的转矩高于额定转矩。

③ 控制灵活：直流电动机常根据不同的负载对象，选用他励、串励、复励等形式，它们各有不同的控制特点和机械特性。而在异步电动机矢量控制系统中，可使同一台电动机输出不同的特性。在系统内用不同的函数发生器作为磁通调节器，即可获得他励或串励直流电动机的机械特性。

（2）矢量控制系统的应用范围

① 高速响应的工作机械：如工业机器人驱动系统在速度响应上至少需要 100 rad/s，而矢量控制驱动系统能达到的速度响应最高值可达 1 000 rad/s，故能保证机器人驱动系统快速、精确地工作。

② 适应恶劣的工作环境：如造纸机、印染机均要求在高湿、高温并有腐蚀性气体的环境中工作，异步电动机比直流电动机更为适应。

③ 高精度的电力拖动：如钢板和线材卷取机属于恒张力控制，对电力拖动的动、静态精确度有很高的要求，能做到高速（弱磁）、低速（点动）、停车时强迫制动。异步电动机应用矢量控制后，静差度 $\delta < 0.02\%$，有可能完全代替直流调速系统。

④ 四象限运转：如高速电梯的拖动，过去均用直流拖动，现在也逐步用异步电动机矢量控制变频调速系统代替。

四、直接转矩控制方式

直接转矩控制方式是继矢量控制方式之后发展起来的另一种高性能的交流变频调速控制方式。直接转矩控制方式与矢量控制方式的不同之处，是它不是通过控制电流、磁链等间接控制转矩，而是把转矩直接作为被控制量来控制。

1. 直接转矩控制原理

直接转矩控制交流调速系统原理如图 3-9 所示。

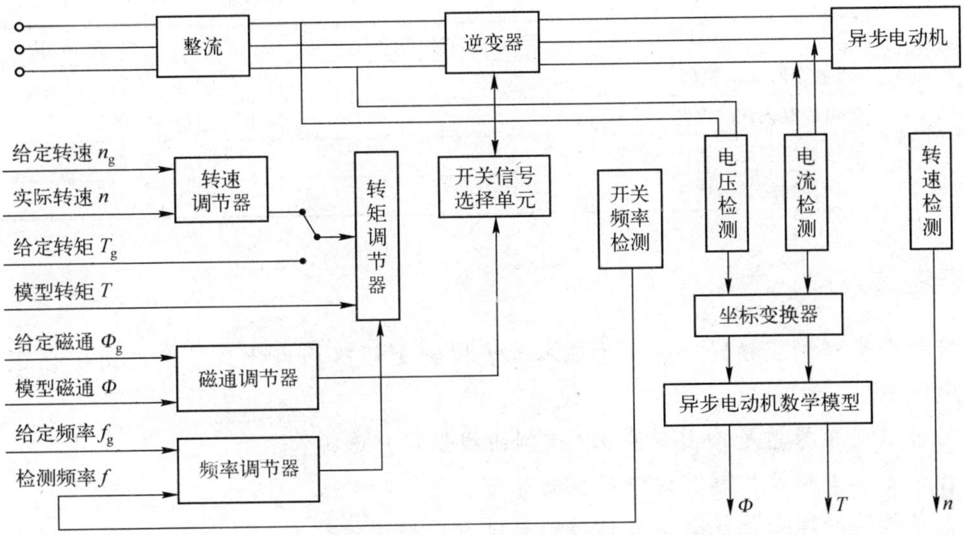

图 3-9　直接转矩控制交流调速系统框图

图 3-9 中，电动机的定子电流、母线电压由电流、电压检测单元测出后，经坐标变换器变换到模型所用的 $d-q$ 坐标系下，计算出模型磁通和转矩。再同转速信号 n 一起作为电动机模型的参数，同给定的磁通、转速、转矩值等输入量比较后送入各自的调节器，经过两点式调节，输出相应的磁通和转矩开关量。这些量作为开关信号选择单元的输入，以选择适当开关状态来完成直接转矩控制。

2. 直接转矩控制的优点

直接转矩控制技术采用空间矢量的分析方法，直接在定子坐标系下计算与控制交流电动机的转矩，采用定子磁场定向，借助于离散的两点式调节（Band - Band 控制）产生 PWM 信号，直接对逆变器的开关状态进行最佳控制，以获得转矩的高动态性能。因此，它不需要将交流电动机化成等效直流电动机，也省去了矢量旋转变换中的许多复杂计算，它不需要模仿直流电动机的控制，也不需要解耦而简化交流电动机的数学模型，没有通常的 PWM 信号发生器。

直接转矩控制方式的思路新颖，控制手段直接，控制结构简单，而且该控制系统的转矩响应迅速，限制在一拍以内，无超调，是一种具有高静态、动态性能的交流调速方法。

任务实施

检查设置参数，变频器转矩提升为出厂设置值 0.1，转矩提升功能设置为强减转矩特性。由于该系统工艺流程影响，出口存有初始压力，致使料浆泵启动力矩增大，造成电动机启动失败，将转矩提升码改为 0.0，选择自动转矩提升模式后，电动机启动正常。

综合评价

完成任务后，对照下表，查看这些能力点是否都掌握了，在相应的方框中打勾。

序　号	能　力　点	掌握情况
1	u/f 控制模式的选择	□是　□否
2	矢量控制模式的设置	□是　□否
3	转矩补偿功能参数码的设置	□是　□否
4	矢量控制的基本理念	□是　□否

思考与练习

1. 既然矢量控制变频器性能优于基本 u/f 控制变频器，为什么很多应用场合还要选择基本 u/f 控制变频器？
2. 为什么变频器总是给出多条 u/f 控制曲线供用户选择？
3. 什么是转差频率控制？说明其控制原理。
4. 矢量控制的理念是什么？矢量控制经过哪几种变换？
5. 矢量控制有什么优越性？使用矢量控制时有哪些具体要求？

任务 2　变频器的多段速度控制电路

任务描述

某高楼为了实现恒压供水，应用压力开关根据管内压力实现对泵的运行速度的控制，当压力增大（用水量小）到上限压力时，减小泵的速度；当压力减小（用水量大）到下限压力时，提高泵的速度，从而实现管内压力的恒定，请为其设计一恒压供水系统。

任务分析

长期以来区域的供水系统都是由市政管网经过二次加压和水塔或天面水池来满足用户对供水压力的要求。在小区供水系统中加压泵通常是用最不利用水点的水压要求来确定相应的扬程设计，然后泵组根据流量变化情况来选配，并确定水泵的运行方式。由于小区用水有着季节和时段的明显变化，日常供水运行控制就常采用水泵的运行方式调整加上出口阀开度调节供水的水量水压，大量能量因消耗在出口阀而浪费，而且存在着水池“二次污染”的问题。变频调速技术在给水泵站上应用，既可满足各用户、各部门用水的需求，又可在用水量小的时候，减少水泵的开机台数或降低水泵的转速，不使电动机空转，以保持管网压力的恒定，达到节能的目的，也成功地解决了能耗和污染的两大难题。在这里主要介绍采用变频器的多段速度控制方法。其基本的方法是利用“参数预置”功能将多种运行速度（频率）先行设置（FR－A540 三菱变频器最多可以设置 15 种），运行时由变频器的端子进行切换，得到不同的运行速度。

知识导航

在工业生产中，由于生产工艺的要求，许多生产机械需要在不同的转速下运行，如车床主轴变频、龙门刨床主运动、高炉加料料斗的提升等。为方便这种负载，大多数变频器提供了多挡频率控制功能。用户可以通过几个开关的通、断组合来选择不同的运行频率，实现不同转速下运行的目的。

多段速功能，也称作固定频率，用开关量端子选固定频率的组合，实现电动机多段速度运行，以 FR－A540 三菱变频器为例，说明这种方式的应用。

一、7 挡速度运行变频器控制端子的接线和参数预置 Pr. 4 ~ Pr. 6

1. 控制端子接线图

7 挡速度运行控制端子接线图如图 3-10 所示。

2. 参数预置

7 挡速度运行要设置的参数号有 Pr. 4 ~ Pr. 6、Pr. 24 ~ Pr · 27，与运行频率对应关系如表 3-2 所示。

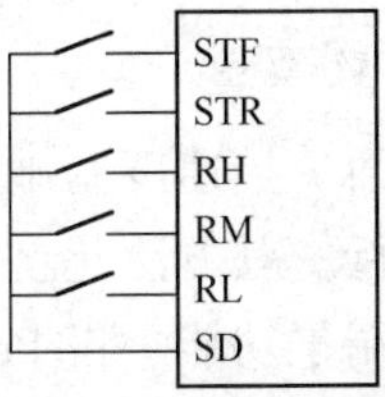

图 3-10　7 挡速度运行控制端子接线图

表 3-2　运行参数对应表

参数号	Pr. 4	Pr. 5	Pr. 6	Pr. 24	Pr. 25	Pr. 26	Pr. 27
设置值/Hz	f_1	f_2	f_3	f_4	f_5	f_6	f_7

3. 控制端子状态组合、预置参数与电动机运行速度的关系

控制端子状态组合、预置参数与电动机运行速度的关系，如图 3-11 所示。说明如下：

① 接通 RH 端子的开关，电动机以 Pr. 4 设置的频率 f_1 运行；

② 接通 RM 端子的开关，电动机以 Pr. 5 设置的频率 f_2 运行；

③ 接通 RL 端子的开关，电动机以 Pr. 6 设置的频率 f_3 运行；

④ 同时接通 RM、RL 端子的开关，电动机以 Pr. 24 设置的频率 f_4 运行；

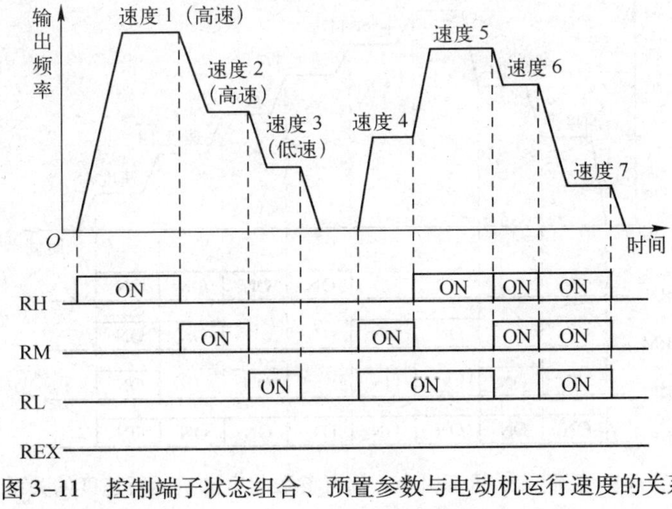

图 3-11　控制端子状态组合、预置参数与电动机运行速度的关系

⑤ 同时接通 RH、RL 端子的开关，电动机以 Pr. 25 设置的频率 f_5 运行；
⑥ 同时接通 RH、RM 端子的开关，电动机以 Pr. 26 设置的频率 f_6 运行；
⑦ 同时接通 RH、RM、RL 端子的开关，电动机以 Pr. 27 设置的频率 f_7 运行。

二、15 挡速度运行变频器控制端子的接线和参数预置

1. 控制端子接线图

15 挡速度运行控制端子接线图如图 3-12 所示。图中 REX 端子在三菱变频器的控制端子中并不存在，可以借助于 RT、AU、JOG、CS 这 4 个端子中的任一个来充当。当应用不同端子时，其对应的设置参数号不同，分别对应于 Pr. 184 ~ Pr. 186。

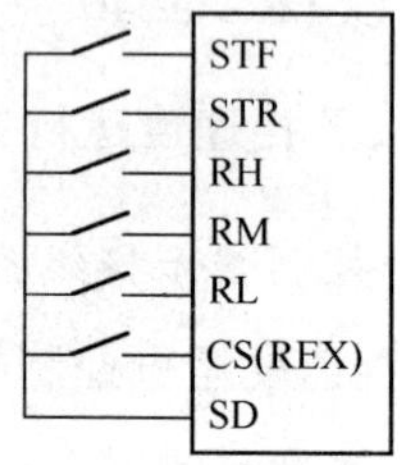

图 3-12　15 挡速度运行控制端子接线图

2. 参数预置

在前面 7 挡速度基础上，再设置下面 8 种速度，就变成 15 种速度运行。其方法是：

改变端子功能。设 Pr. 186 =8，使 CS 端子的功能变为 REX 功能。设置运行参数，参数号为 Pr. 232 ~ Pr. 239，对应关系如表 3-3 所示。

表 3-3　运行参数对应表

参 数 号	Pr. 232	Pr. 233	Pr. 234	Pr. 235	Pr. 236	Pr. 237	Pr. 238	Pr. 239
设置值/Hz	f_8	f_9	f_{10}	f_{11}	f_{12}	f_{13}	f_{14}	f_{15}

3. 控制端子状态组合、预置参数与电动机运行速度的关系

控制端子状态组合、预置参数与电动机运行速度的关系，如图 3-13 所示。说明如下：
① 接通 REX 端子的开关，电动机以 Pr. 232 设置的频率 f_8 运行；
② 同时接通 REX、RL 端子的开关，电动机以 Pr. 233 设置的频率 f_9 运行；
③ 同时接通 REX、RM 端子的开关，电动机以 Pr. 234 设置的频率 f_{10} 运行；

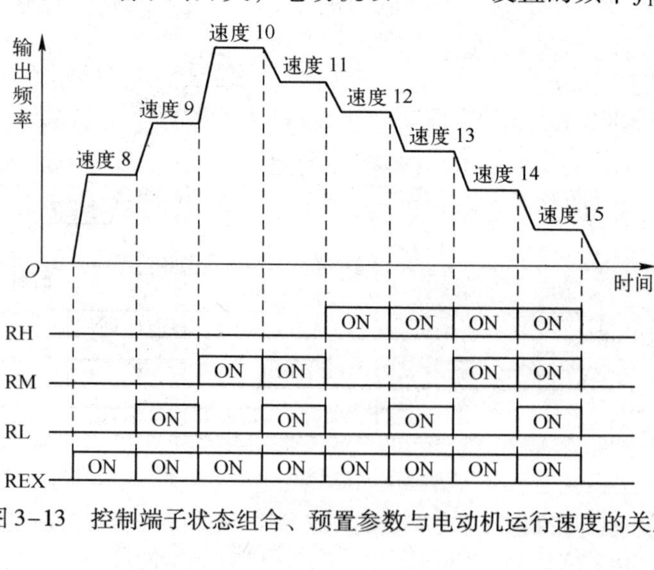

图 3-13　控制端子状态组合、预置参数与电动机运行速度的关系

④ 同时接通 REX、RL、RM 端子的开关，电动机以 Pr. 235 设置的频率 f_{11} 运行；
⑤ 同时接通 REX、RH 端子的开关，电动机以 Pr. 236 设置的频率 f_{12} 运行；
⑥ 同时接通 REX、RH、RL 端子的开关，电动机以 Pr. 237 设置的频率 f_{13} 运行；
⑦ 同时接通 REX、RH、RM 端子的开关，电动机以 Pr. 238 设置的频率 f_{14} 运行；
⑧ 同时接通 REX、RH、RM、RL 端子的开关，电动机以 Pr. 239 设置的频率 f_{15} 运行。

任务实施

一、泵的运行曲线

泵的运行曲线如图 3-14 所示。

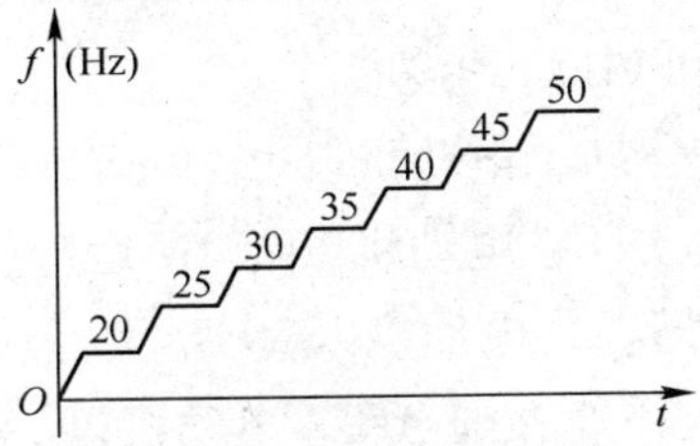

图 3-14　泵的运行曲线

二、变频器的参数设置

1. 基本参数

基本参数设置如表 3-4 所示。

表 3-4　基本参数设置表

参 数 名 称	参 数 号	设 置 值
转矩提升	Pr. 0	3%
上限频率	Pr. 1	50 Hz
下限频率	Pr. 2	5 Hz
基底频率	Pr. 3	50 Hz
加速时间	Pr. 7	4 s
减速时间	Pr. 8	3 s
电子过流保护	Pr. 9	5 A（由电动机功率确定）
加减速基准频率	Pr. 20	50 Hz
操作模式	Pr. 79	3

2. 7 段速运行参数

7 段速运行参数设置如表 3-5 所示。

表 3-5　7 段速运行参数设置表

参 数 号	Pr. 4	Pr. 5	Pr. 6	Pr. 24	Pr. 25	Pr. 26	Pr. 27
设 置 值/Hz	15	30	50	20	25	45	50

三、操作步骤

① 主回路接好，控制回路按图 3–15 接线。

② 检查无误后合闸通电。

③ 按 MODE 键，显示“运行模式”画面，按▲/▼键切换到“PU 操作模式”。

④ 按 MODE 键，显示“参数设置”画面，按表 3–4 设置基本参数，按表 3–6 设置 Pr. 4 ~ Pr. 6 和 Pr . 24 ~ Pr. 27 运行参数。

表 3–6　7 段速运行参数设置表

控制端子	RH	RM	RL	RM、RL	RH、RL	RH、RM	RH、RM、RL
参数号	Pr. 4	Pr. 5	Pr. 6	Pr. 24	Pr. 25	Pr. 26	Pr. 27
设置值/Hz	15	30	50	20	25	45	10

⑤ 设置 Pr. 79 =3，EXT 灯和 PU 灯均发亮。

⑥ 在接通 RH 情况下，接通 STF，电动机以 15 Hz 运行。

⑦ 在接通 RM 情况下，接通 STF，电动机以 25 Hz 运行。

⑧ 在接通 RL 情况下，接通 STF，电动机以 30 Hz 运行。

⑨ 在同时接通 RM、RL 情况下，接通 STF，电动机以 35 Hz 运行。

⑩ 在同时接通 RH、RL 情况下，接通 STR，电动机以 40 Hz 运行。

⑪ 在同时接通 RH、RM 情况下，接通 STR，电动机以 45 Hz 运行。

⑫ 在同时接通 RH、RM、RL 情况下，接通 STR，电动机以 50 Hz 运行。

⑬ 练习完毕后切断电源，拆除控制电路。

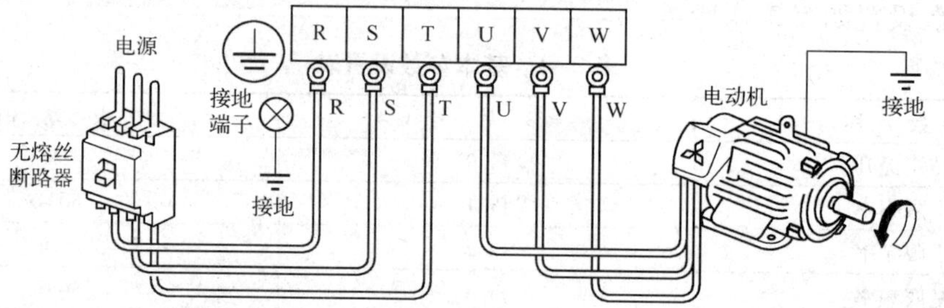

图 3–15　变频器与电源和电动机的接线图

四、注意事项

① 运行中出现 E. LF 字样，表示变频器输出至电动机的连线有一相断线（即缺相保护），这时返回“PU 操作模式”下进行清除操作，然后关掉电源重新开启即可消除。若不要此保护功能，请设置 Pr. 25 =0。

② 出现 E. TMH 字样，表示电子过流保护动作，同样在“PU 操作模式”下，进行清除操作。

③ Pr. 79 =4 的运行方式属于组合操作 2，即外部控制运行频率，面板键盘控制电动机启停，实际中应用很少。

综合评价

完成任务后，对照下表，查看这些能力点是否都掌握了，在相应的方框中打勾。

序　号	能　力　点	掌握情况
1	7段速运行操作	□是　□否
2	15段速运行操作	□是　□否
3	模拟调试、运行结果	□是　□否
4	拆线整理	□是　□否

思考与练习

1. 简述7段速运行控制端子状态组合、预置参数与电动机运行速度的关系。
2. 简述15段速运行时REX可用哪些端子代替，参数如何设置。
3. 画出7段速运行的控制回路接线图，并简述操作步骤。
4. 画出15段速运行的控制回路接线图，并简述操作步骤。
5. 简述多段速运行与单一速度运行机械特性曲线的差别。

任务3　变频器的PID闭环控制

任务描述

在PID控制下，使用一个4 mA对应0℃，20 mA对应50℃的传感器调节房间温度保持在25℃，设置值通过变频器2～5端子间的电压（0～5 V）给定。

任务分析

PID控制，是使控制系统的被控量在各种情况下，都能够迅速而准确地无限接近控制目标的一种手段。具体地说，是随时将传感器测量的实际信号（称为反馈信号）与被控量的目标信号相比较，以判断是否已经到达预定的控制目标。如尚未达到，则根据两者的差值进行调整，直到达到预定的控制目标为止。

知识导航

PID就是比例积分微分控制，是闭环控制中的一种常见形式。在温度、压力、流量控制等参数要求恒定的场合应用十分广泛，是变频器在节能方面常用的一种方法。通过变频器实现PID控制有两种情况：一是变频器内置的PID控制功能，给定信号通过变频器的端子输入，反馈信号也反馈给变频器的控制端，在变频器内部进行PID调节以改变输出频率；二是外部的PID调节器实现PID功能，将给定量与反馈量比较后产生一个输出信号加到变频器控制端子作为控制信号以改变输出频率。总之，变频器的PID控制是与传感器器件构成的一个闭环控制系统，实现对被控制量的自动调节。

在生产实际中，拖动系统的运行速度需要平稳，而负载在运行中不可避免受到一些不可预见的干扰，系统的运行速度将失去平衡，出现振荡，和设置值存在偏差。对该偏差值，经过变频器的P、I、D调节，可以迅速、准确地消除拖动系统的偏差，恢复到给定值。

一、PID 各环节的作用

图 3-16 所示为基本 PID 控制框图，r 为目标信号，y 为反馈信号，变频器输出频率 f 的大小由合成信号 x 决定。一方面，反馈信号 y 应无限接近目标信号 r，即 x 趋近于 0；另一方面，变频器的输出频率 f 又是由 x 的结果来决定的。

图中 K_P 为比例增益，对执行量的瞬间变化有很大影响；T_i 为积分时间常数，该时间越小，达到目标值就越快，但也容易引起振荡，积分作用一般使输出响应滞后；T_d 为微分时间常数，该时间越大，反馈的微小变化就越会引起较大的响应，微分作用一般使输出响应超前。

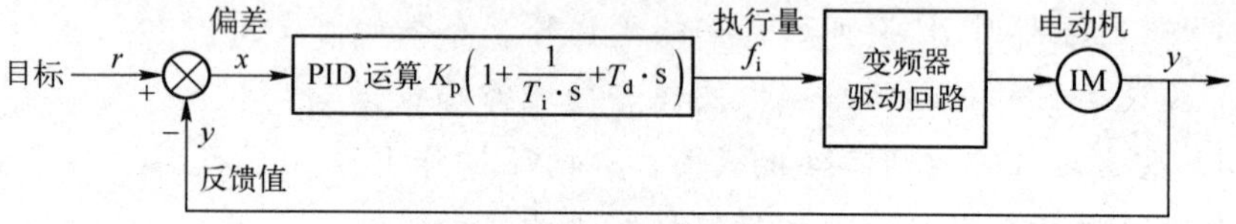

图 3-16　PID 控制框图

二、PID 参数的预置

三菱 FR－A540 变频器内置有 PID，因此在使用时，只要根据控制要求设置响应的参数就可以方便地进行闭环控制。设置方法如下：

1. 变频器控制端子选择

(1) PID 控制端子选择设置

PID 控制端子选择设置是指通过变频器的哪个端子来控制 PID 的接入。

设置 Pr. 183 =14，选择变频器的 RT 端子为 PID 控制端子，当该端子所接开关闭合时选择 PID 闭环控制，断开时为不选择 PID 的开环控制。

(2) 反馈量输入端子选择

反馈量输入端子选择是指当应用 PID 功能时，反馈量从哪个端子输入。

设置 Pr. 128 =20，反馈量从变频器端子 4 输入，反馈量为 DC 电流，范围为 4～20 mA。

2. PID 的参数设置

① PID 的参数设置主要包括比例增益、积分时间常数、微分时间常数的设置。

② 用 Pr. 129 设置比例增益的值。

③ 用 Pr. 133 设置积分时间常数的值。

④ 用 Pr. 134 设置微分时间常数的值。

3. 目标值的设置

PID 调节的根本依据是反馈量与目标值进行比较的结果。因此，准确地预置目标值是十分重要的。有以下两种方法：

(1) 面板输入法

该方法是通过键盘输入目标值。目标值通常是被测量实际大小与反馈量程的百分数。例如，空气压缩机要求的压力（目标压力）为 6 MPa，所用压力表的量程是 0～10 MPa，则目标值设置为 60%。

(2) 外接给定的方法

该方法通过在变频器 2、5、10 端外接电位器预置，调整比较方便。

三、运行接线图

以恒压供水水泵为例，变频器 PID 控制的接线图如图 3–17 所示。4 端和 5 端是反馈信号输入端；利用压力传感器，将压力信号变为电压或电流信号；当水位低于标定水位时，利用水位开关，使变频器停止输出，只有在水位高于标定水位时，水位开关才能继续工作。工作时反馈值与目标值比较，并按预置的 PID 值调整变频器的给定信号，从而达到改变电动机转速的作用。

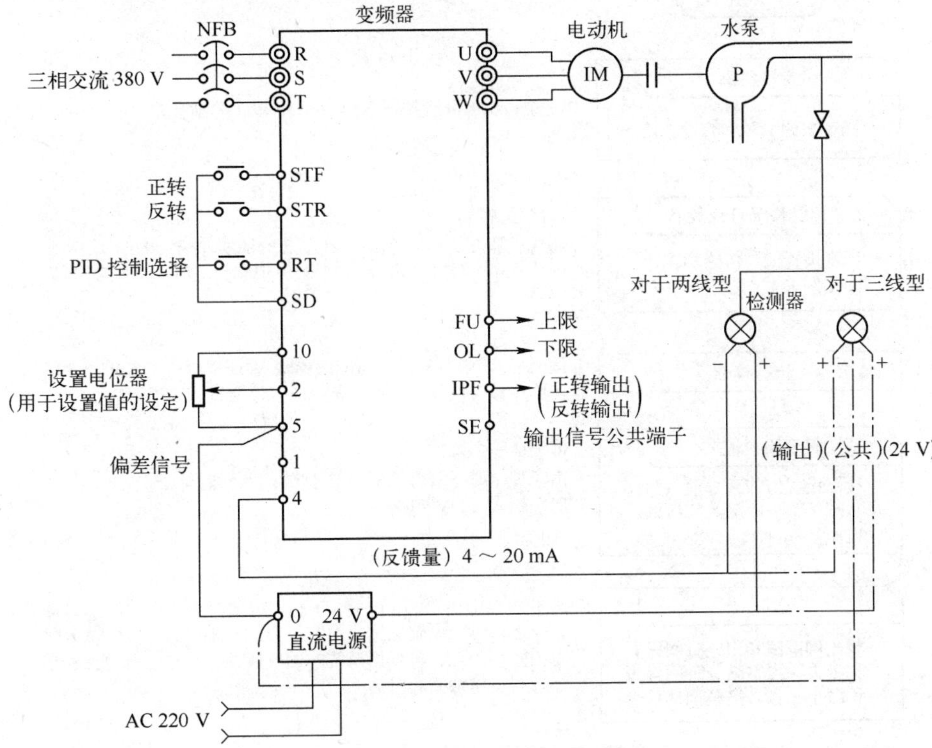

图 3–17　水泵 PID 控制的接线图

四、操作步骤

操作步骤流程如图 3–18 所示。

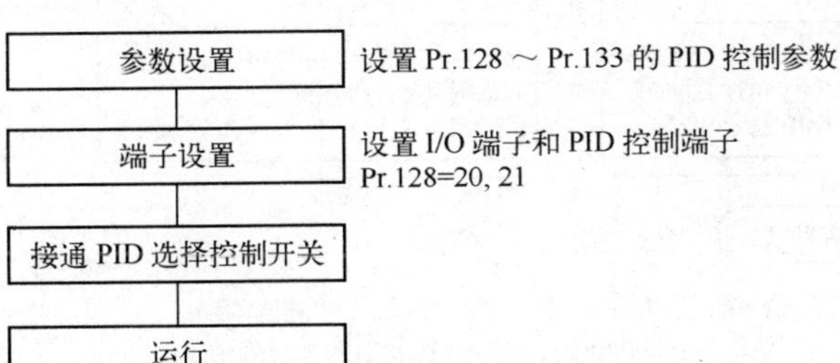

图 3–18　操作步骤流程

任务实施

一、接线

按图 3-17 接线，为便于测试将图中的电动机和水泵换成空调的主机。

二、操作步骤

按照流程图 3-18、图 3-19，在变频器面板上设置相关参数。

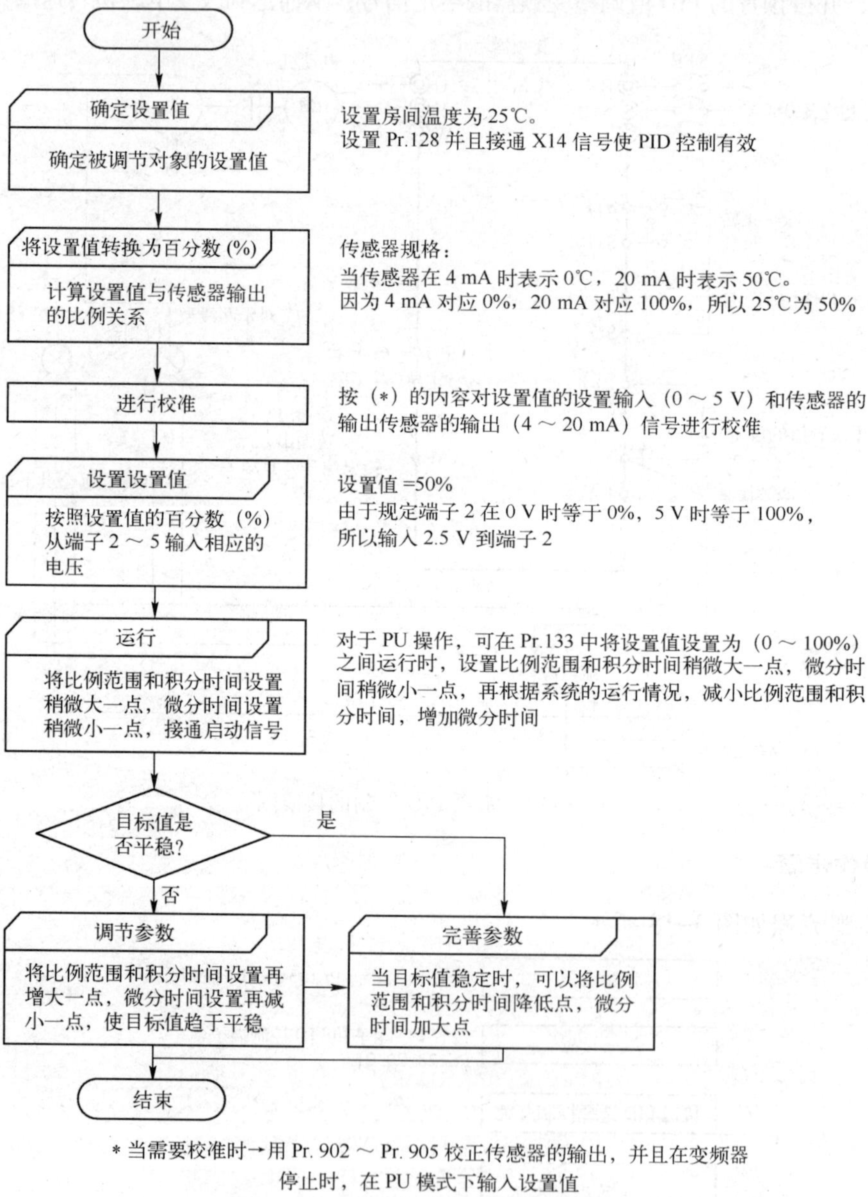

* 当需要校准时→用 Pr. 902 ～ Pr. 905 校正传感器的输出，并且在变频器停止时，在 PU 模式下输入设置值

图 3-19　房间恒温 PID 控制流程图

经教师检查通过后，开始通电试运行。

综合评价

完成任务后，对照下表，查看这些能力点是否都掌握了，在相应的方框中打勾。

序　号	能　力　点	掌握情况
1	基本参数设置	□是　□否
2	功能参数设置	□是　□否
3	PID 运行参数	□是　□否
4	模拟调试、运行结果	□是　□否

思考与练习

1. 简述 PID 闭环控制的原理。
2. 简述 PID 控制反馈信号的接入方法。
3. 画出 PID 控制变频器的接线图。
4. 简述 PID 控制的操作步骤。

项目实训

实训1　*u/f* 控制曲线测试

一、实训目标

① 能对变频器进行 *u/f* 控制功能进行选择；
② 了解变频器的转矩补偿，能画出 *u/f* 控制特性曲线；
③ 掌握选择 *u/f* 控制曲线时常用的操作方法。

二、实训器材

① 三菱 FR－A540 变频器 1 台；
② 变频调速系统实验电气控制箱 1 套；
③ 变频调速系统实验电气控制箱 1 台；
④ 三相笼形异步电动机 1 台；
⑤ 电工工具 1 套；
⑥ 万用表 1 台。

三、实训步骤

1. 变频器基本 *u/f* 曲线的测试

变频器基本 *u/f* 控制特性就是没有进行转矩补偿、*u/f* = 常数时的运行控制特性。测试时要将变频器恢复出厂时的设置状态，并记录厂家设置的“基本频率”、“额定电压”等参数。

实训要求：测试时由变频器的 LED 数码管显示屏显示输出频率，用万用表的交流电压挡测试输出端线电压，将测量值填入表 3-7 中 u/f 特性测量值记录表的“U”栏中。

表 3-7　u/f 特性测量值记录表

f/Hz	5	10	15	20	25	30	35	40	45	50	55	60	65
U/V													
U'/V													

2. 转矩补偿后的 u/f 曲线测试

转矩补偿是变频器的一种基本功能。转矩补偿量的大小及转矩补偿后的 u/f 曲线形状，是由功能参数码的功能数设置的，功能数的选择可由老师指定。将参数预置后即可进行测试。

实训要求：测试时仍按测量表选择 f 值，并将测试值填入记录表的 U'栏中。

3. 绘制 u/f 特性曲线

在坐标纸上将测试的两组数据分别描点，而后绘制出 u/f 特性曲线。注意，绘制 u/f 特性曲线时，不要为了通过某个点而绘成折线，而要根据曲线的走向绘制光滑的曲线。

实训要求：绘制出 u/f 特性曲线，说明转矩补偿前后 u/f 特性曲线的变化。

四、注意事项

① 测试过程中进行频率比较时，万用表表针摆动很大，要选择合适的挡位，数值要读表针指向的中间值。

② 测量时要注意两笔不要短路，以免造成变频输出开关器件的损坏。

五、能力评价

完成任务后，对照下表，对每个学生进行项目考核。

序　号	考核项目	掌握情况
1	说明变频器的 u/f 特性曲线在什么条件下进行	□是　□否
2	说明变频器的 u/f 特性曲线是否正确	□是　□否
3	绘制 u/f 特性曲线	□是　□否
4	能否比较转矩补偿前后两特性曲线的差异	□是　□否

实训 2　恒压供水的 PID 控制

一、实训目标

① 了解恒压供水的工作原理及系统的结构。

② 掌握 PLC 的 PID 调节的参数设置。

③ 掌握 PLC、变频器的综合应用。

④ 掌握 PLC、变频器和外围设备的电路设计及综合布线。

⑤ 能运用 PLC、变频器等新器件解决工程实际问题。

二、实训器材

① 可编程控制器 1 台（FX2N－48MR）。

② 恒压供水实训台 1 台。

③ FR－A540 变频器 1 台。

④ 电工工具 1 套。

⑤ 连接导线若干。

三、实训步骤

1. 控制要求

① 共有两台水泵，按设计要求一台运行，一台备用，自动运行时泵运行累计 100 h 轮换一次，手动时不切换。

② 两台水泵分别由 M1、M2 电动机拖动，电动机同步转速为 3 000 r/min，由 KM1、KM2 控制。

③ 切换后启动和停电后启动须 5 s 报警，运行异常可自动切换到备用泵，并报警。

④ PLC 采用的 PID 调节指令。

⑤ 变频器（使用三菱 FR－A540）采用 PLC 的特殊功能单元 FX0N－3A 的模拟输出，调节电动机的转速。

⑥ 水压在 0～1 MPa 可调。

⑦ 变频器的其余参数自行设置。

2. 软件设计

（1）I/O 分配

① PLC 输入：X1——1 号泵水流开关；X2——2 号泵水流开关；X3——过压保护。

② PLC 输出：Y1——KM1；Y2——KM2；Y4——报警器；10——变频器 STF。

（2）PLC 程序

根据控制要求，编写 PLC 程序。

（3）变频器设置

① 上限频率 Pr. 1＝50 Hz。

② 下限频率 Pr. 2＝30 Hz。

③ 基底频率 Pr. 3＝50 Hz。

④ 加速时间 Pr. 7＝3 s。

⑤ 减速时间 Pr. 8＝3 s。

⑥ 电子过电流保护 Pr. 9 = 电动机的额定电流。

⑦ 启动频率 Pr. 13 = 10 Hz。

⑧ 设置端子 2 ~ 5 间的频率设置为电压信号 0 ~ 10 V Pr. 73 = 0。

⑨ 允许所有参数的读/写 Pr. 160 = 0。

⑩ 操作模式选择（外部运行）Pr. 79 = 2。

⑪ 其他设置为默认值。

3. 系统接线

根据控制要求及 I/O 分配，设计其电路图及接线。

最后，进行系统调试。

四、能力评价

完成任务后，对照下表，对每个学生进行项目考核。

序　号	考核项目	掌握情况
1	变频器面板的操作	□是　□否
2	PLC 编程	□是　□否
3	变频器参数设置	□是　□否
4	实时监视变频器的运行状态	□是　□否
5	电路接线	□是　□否
6	系统调试	□是　□否

项目4　变频调速系统的基本控制电路

变频器除单独使用外，多数情况是作为工业自动化控制系统的一个组成部分。上一个项目讨论了变频器的各种运行操作方法，但都是应用按钮开关手动来实现对生产机械的变频调速控制。在转速变换时需要停机操作才能实现。如何来实现变频调速的自动控制？只要将变频器和继电器配合使用就能达到。继电器分为3种：第一种是应用线圈通电控制触点吸合的传统继电器；第二种是数字继电器，又称可编程控制器（PLC），它可通过软件来改变控制过程；第三种是PC，应用串行接口与变频器进行通信。继电器与变频器之间的连接如图4-1所示。

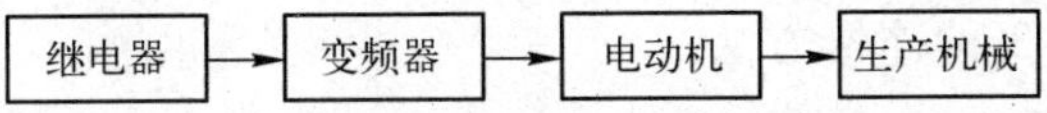

图4-1　PLC与变频器连接方框图

那么继电器与变频器配套使用后可实现哪些方面的自动控制？如何编程？本项目将以传统继电器和FX2N-32MT-001可编程控制器（PLC）为例，分4个任务来介绍其操作方法。

学习目标

一、知识目标

① 掌握PLC和变频器联机方法。
② 掌握继电器、PLC与变频器组合的电动机正反转控制方法。
③ 掌握PLC控制工频—变频切换的原理。
④ 熟悉计算机与变频器连接方法。

二、技能目标

① 根据相关控制要求设置有关参数。
② 学会进行PLC与变频器的连接和控制程序的编制。
③ 能熟练掌握变频调速系统的基本控制电路的维修与调试。
④ 掌握计算机与变频器的通信规格、参数设置、数据格式和编程方法。
⑤ 能熟练地操控变频器的运行。

任务1　变频器与PLC的连接

任务描述

使用PLC通过RS-485总线控制变频器，使电动机按控制要求运转。

控制要求：

① 使用 PLC，通过 RS－485 总线，控制变频器实现电动机正转、反转、停止。

② 使用 PLC，通过 RS－485 总线，在运行中直接修改变频器的运行频率，例如 10 Hz、25 Hz、38 Hz、43 Hz、50 Hz。

任务分析

PLC 具有体积小、组装灵活、编程简单、抗干扰能力强及可靠性高等诸多优点，PLC 联机控制变频器目前在工业自动化系统中是一种较为常见的应用，那么 PLC 与变频器有几种方式来联机控制变频器？通常选择哪种控制方法？它们具体是如何连接的？

知识导航

一、PLC 与变频器的连接方式

PLC 与变频器一般有 3 种连接方法。

1. 利用 PLC 的模拟量输出模块控制变频器

采用 FX1N 型、FX2N 型 PLC 为主机，配置一路简易型的 FXIN－1DA－BD 扩展模拟量输出板或模拟量输入/输出混合模块 FX0N－3A，或两路输出的 FX2N－2DA 模块，或四路输出的 FX2N－4DA 模块等。采用模拟量信号控制变频器的优点有：PLC 程序编制简单方便，调速曲线平滑连续，工作稳定。PLC 的模拟量输出模块输出 0～5 V 电压信号或 4～20 mA 电流信号，作为变频器的模拟量输入信号，控制变频器的输出频率，如图 4-2 所示。其缺点是在大规模生产线中，控制电缆较长，尤其是 DA 模块采用电压信号输出时，线路上有较大的电压降，影响了系统的稳定性和可靠性。另外，从经济角度考虑，如控制 8 台变频器，需要两块 FX2N－4DA 模块，其造价是采用扩展存储器通信控制方式的 5～7 倍。

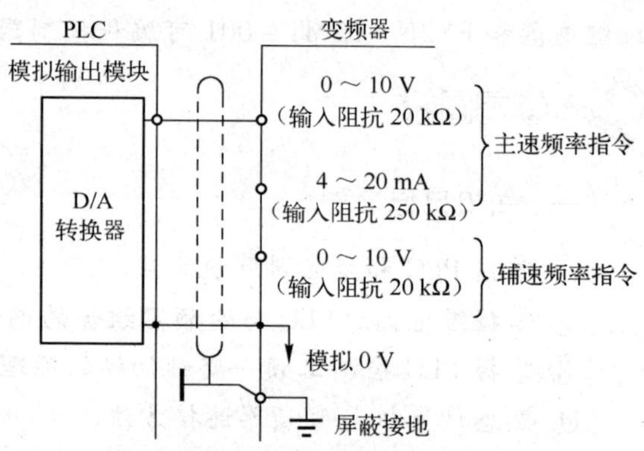

图 4-2　PLC 模拟量输出与变频器的连接

2. 利用 PLC 的开关量输出控制变频器

PLC（MR 型或 MT 型）的输出端、COM 端直接与变频器的 STF（正转启动）、RH（高速）、RM（中速）、RL（低速）、SG 等端口分别相连。PLC 可以通过程序控制变频器的启动、停止、复位，也可以控制变频器高速、中速、低速端子的不同组合，实现多段速度运行。PLC 的开关输出量一般可以与变频器的开关量输入端直接相连，如图 4-3、图 4-4 所示。这种控制方式接线简单，抗干扰能力强。但是，因为它是采用开关量来实施控制的，其调速曲线不是一条连续平滑的曲线，也无法实现精细的速度调节。这种开关量控制方法的调速精度无法与采用扩展存储器的通信控制方式相比。

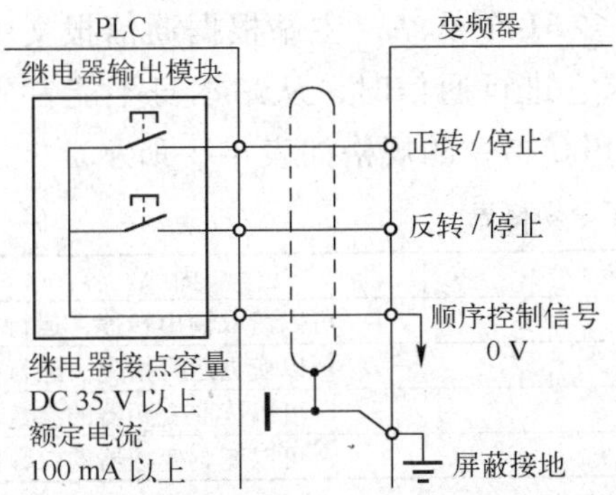

图4-3　PLC的继电器触点与变频器的连接

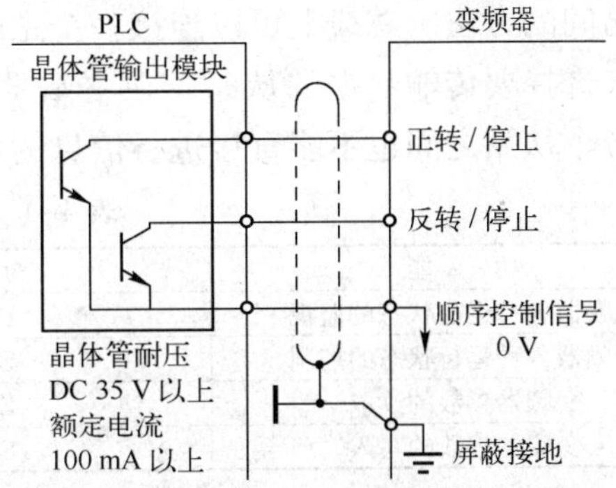

图4-4　PLC的晶体管与变频器的连接

使用继电器触点进行连接时，有时存在因接触不良而误操作现象；使用晶体管进行连接时，则需要考虑晶体管自身的电压、电流容量等因素，保证系统的可靠性。另外，在设计变频器的输入信号电路时还应该注意到，输入信号电路连接不当，有时也会造成变频器误动作。例如，当输入信号电路采用继电器等感性负载，继电器开闭时，产生的浪涌电流带来的噪声有可能引起变频器的误动作，应尽量避免。

3. PLC与通信接口的连接

(1) 采用RS-485无协议通信方法控制变频器

这是最为普遍的一种方法，PLC采用RS串行通信指令编程。采用RS-485无协议通信方法控制变频器的优点为硬件简单，造价最低，可控制32台变频器；缺点是编程工作量较大。

(2) 采用RS-485的Modbus-RTU通信方法控制变频器

三菱新型F700系列变频器使用RS-485端子，利用Modbus-RTU协议与PLC进行通信。采用RS-485的Modbus-RTU通信方法控制变频器的优点是Modbus通信方式的PLC编程比RS-485无协议方式要更加简单便捷，缺点是PLC编程的工作量仍然较大。

(3) 采用现场总线方式控制变频器

三菱变频器可内置各种类型的通信选件，如用于CC-Link现场总线的FR-A5NC选件、用于Profibus-DP现场总线的FR-A5AP（A）选件、用于DeviceNet现场总线的FR-A5 ND选件等。三菱FX系列PLC有对应的通信接口模块与之对接。采用现场总线方式控制变频器的优点为速度快，距离远，效率高，工作稳定，编程简单，可连接的变频器数量多；缺点是造价较高，远远高于采用扩展存储器通信控制方式的造价。

综上所述，PLC采用扩展存储器通信方式控制变频器的方法有造价低廉、易学易用、性能可靠的优势，若配置人机界面，变频器的参数设置和监控将变得更加便利。

二、变频器通信参数的设置

为了正确地建立通信，必须为变频器设置与通信有关的参数，如“站号”、“通信速率”、“停止位长/字长”、“奇偶校验”等。变频器内的Pr. 117-Pr. 124参数用于设置通信参数。参数设置通过操作面板或变频器设置软件FR-SW1-SETUP-WE在PU口进行。

三、通信方式

PLC与变频器之间通信需要遵循通用的串行接口协议，按照串行总线的主从通信原理来确定访问的方法。总线上可以连接一个主站和最多 31 个从站，主站根据通信报文中的地址字符来选择要传输数据的从站，在主站没有要求它进行通信时，从站本身不能首先发送数据，各个从站之间也不能直接进行信息的传输。PLC 指令的规格如表 4-1 所示。

表 4-1　PLC 指令规格表

功　能	对应指令	内　容
变频器各种运行状态的监视	EXTRK10	可以读取输出转速，运行模式
变频器各种运行状态的控制	EXTRK11	可以变更运行指令、运行模式
变频器参数的读取	EXFRK12	可以读取变频器的参数值
变频器参数的写入	EXTRK13	可以变更变频器的参数值

任务实施

一、对三菱变频器进行参数设置

PLC 和变频器之间进行通信，通信规格必须在变频器的初始化中设置。如果没有进行初始设置或有一个错误的设置，数据将不能进行传输。Pr. 122 号参数一定要设成 9999。

二、复位变频器

确保参数的设置生效。

三、对三菱 PLC 进行设置，PLC 通信格式 D8120 = H009F

三菱 FX 系列 PLC 在进行计算机连接（专用协议）和无协议通信（RS 指令）时，均需要对通信格式（D8120）进行设置，如表 4-2 所示。其中，包含波特率、数据长度、奇偶校验、停止位和数据格式等。

表 4-2　D8120 的设置

<table>
<tr><td>B15</td><td>B14</td><td>B13</td><td>B12</td><td>B11</td><td>B10</td><td>B9</td><td>B8</td><td>B7</td><td>B6</td><td>B5</td><td>B4</td><td>B3</td><td>B2</td><td>B1</td><td>B0</td></tr>
<tr><td>0</td><td>0</td><td>0</td><td>0</td><td>0</td><td>0</td><td>0</td><td>0</td><td>1</td><td>0</td><td>0</td><td>1</td><td>1</td><td>1</td><td>1</td><td>1</td></tr>
<tr><td colspan="3">使用 RS 指令</td><td>保留</td><td>发送和接收</td><td>保留</td><td colspan="2">无起始位、无停止位</td><td colspan="4">波特率为 19 200 bit/s</td><td>2 位停止位</td><td colspan="2">偶数</td><td>8 位数据</td></tr>
</table>

四、电缆制作及 PLC 与变频器连接

① RS－485 接口采用 RJ－45 插座，连接电缆采用 10BASE－T 电缆。

② 在电缆与 PU 接口连接时，必须要首先卸下操作面板。

③ 不能将 PU 接口连入计算机的局域网卡、传真机调制解调器或电话接口，否则，由于电子规格的不同，可能会损坏变频器。

④ 通信电缆使用五芯电缆，插针 2 和 8 不使用。

PLC 与变频器的 RS－485 通信控制连接如图 4-5 所示。

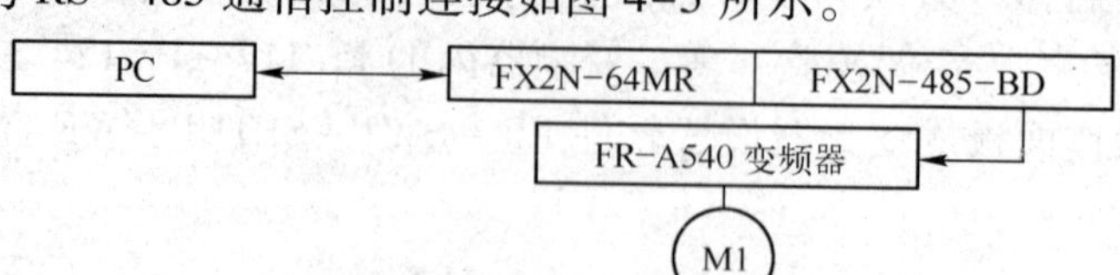

图 4-5　PLC 与变频器的 RS－485 通信控制连接

五、编写通信程序实现通信

参考程序梯形图如图 4-6 所示。

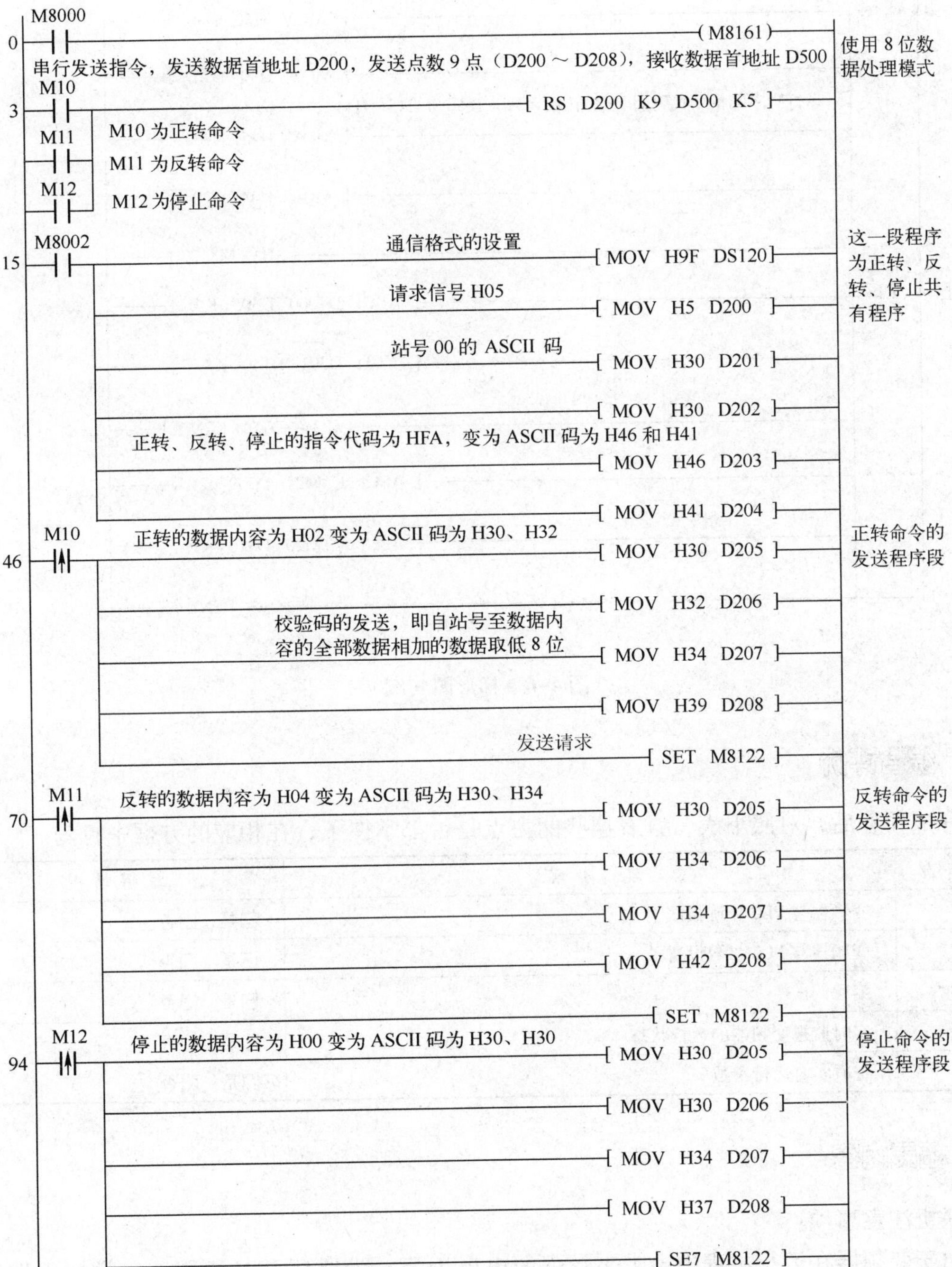

图 4-6　梯形图

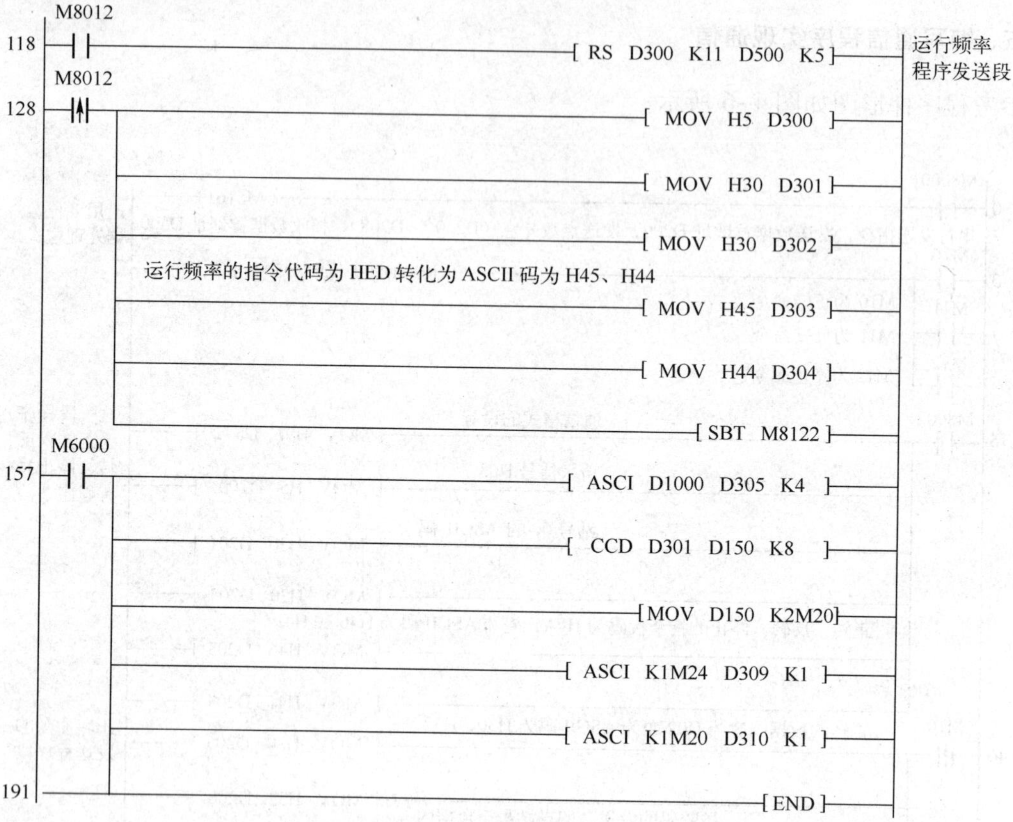

图4-6　梯形图（续）

综合评价

完成任务后，对照下表，查看这些能力点是否都掌握了，在相应的方框中打勾。

序　号	能　力　点	掌握情况
1	变频器与PLC正确接线	□是　□否
2	变频器与PLC参数设置	□是　□否
3	编程调试	□是　□否
4	实时监视变频器的运行状态	□是　□否
5	查看实时运行参数	□是　□否

拓展内容

联机注意事项：

由于变频器在运行过程中会带来较强的电磁干扰，为保证PLC不因变频器主电路断路器及开关器件等产生的噪声而出现故障，在将变频器和PLC等配合使用时还必须注意以下几点：

① 对 PLC 本体按照规定的标准和接地条件进行接地。此时，应避免和变频器使用共同的接地线，并在接地时尽可能使两者分开。

② 当电源条件不太好时，应在 PLC 的电源模块及输入/输出模块的电源线上接入噪声滤波器和降低噪声使用的变压器等。此外，如有必要在变频器一侧也应采取相应的措施。

③ 当变频器和 PLC 安装在同一控制柜中时，应尽可能使与变频器和 PLC 有关的电线分开。

④ PLC 和变频器连接时，由于二者涉及用弱电控制强电，因此，应该注意连接时出现的干扰，避免由于干扰造成变频器的误动作，或者由于连接不当导致 PLC 或变频器损坏，其连线应通过使用屏蔽线和双绞线来抗噪声。

思考与练习

1. 简述 PLC 与变频器连接的几种方式。
2. 为什么变频器的运行方式要选择外部运行？

任务2　变频器的基本控制

任务描述

设计用变频器改造如图 4-7 所示三相异步电动机正反转两地控制的控制线路，并进行安装与调试。

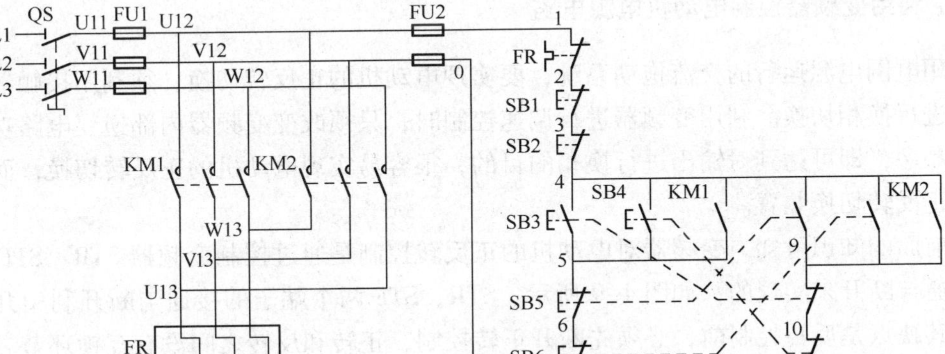

图 4-7　三相异步电动机正反转两地控制的控制线路

任务分析

在生产实践中，电动机的正反转是比较常见的。传统的方法是利用继电器、接触器来控制电动机的正反转，利用 PLC 控制变频器的交流拖动系统与传统的方法相比，在操作、控制、效率、精度等各个方面都具有无法比拟的优点，可以简单、方便地实现电动机的正反转等多种控制要求。

知识导航

图 4-8 所示为大家所熟悉的利用继电器控制的电动机正、反转电路。那么，利用变频器如何实现电动机的正、反转控制？根据实际工作要求，如何设置参数？下面就学习有关的知识。

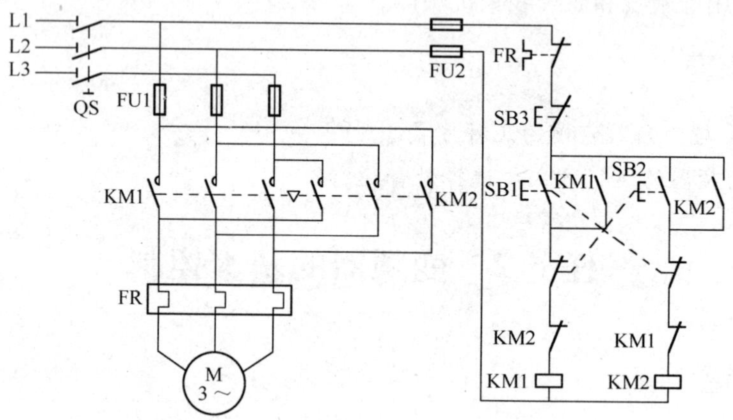

图 4-8　接触器、按钮双重连锁正反转控制线路

一、利用变频器控制电动机电源电路

利用电网电源运行的交流拖动系统，要实现电动机的正反转切换，须利用接触器等装置对电源进行换相切换。利用变频器进行调速控制时，只须改变变频器内部逆变电路功率器件的开关顺序，即可达到对输出进行换相的目的，很容易实现电动机的正反转切换，而不需要专门的正反转切换装置。

由前面的知识可知，变频器对电动机的正反转控制是通过控制变频器 STR、STF 两个端子的接通与断开来实现的，如图 4-9 所示。STR、STF 两个端子的接通与断开利用开关进行控制，其缺点是反转控制前，必须先断开正转控制，正转和反转之间没有互锁环节，容易产生误动作。

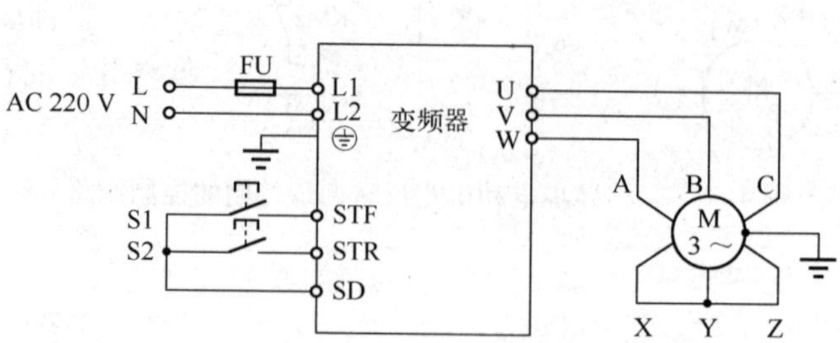

图 4-9　变频器控制电动机的正反转控制线路

二、利用继电器与变频器组合来控制电路

为了克服上述存在的问题，通常将开关改为应用继电器和接触器来控制变频器 STR、STF 两个端子的接通与断开，控制电路如图 4-10 所示。其工作过程如下：

① 按钮 SB4、SB3 用于控制正转继电器 KA1，从而控制电动机的正转运行与停止。

② 按钮 SB6、SB5 用于控制反转继电器 KA2，从而控制电动机的反转运行与停止。

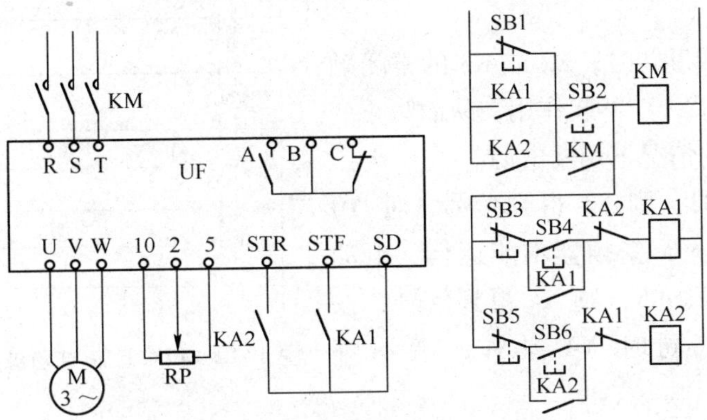

图 4-10　继电器控制变频器的正反转电路

需要注意的是：正转与反转运行只有在接触器 KM 已经动作、变频器已经通电的状态下才能进行。与按钮 SB1 常闭触点关联的 KA、KA2 触点用以防止电动机在运行状态下通过 KM 直接停机。

三、利用 PLC 与变频器组合的电动机正反转控制电路

PLC 与变频器组合对电动机正反转控制，只需利用 PLC 的输出端子来控制变频器的 STR、STF 两个端子，控制电路如图 4-11 所示。按下 SB1，输入继电器 X0 得到信号并动作，

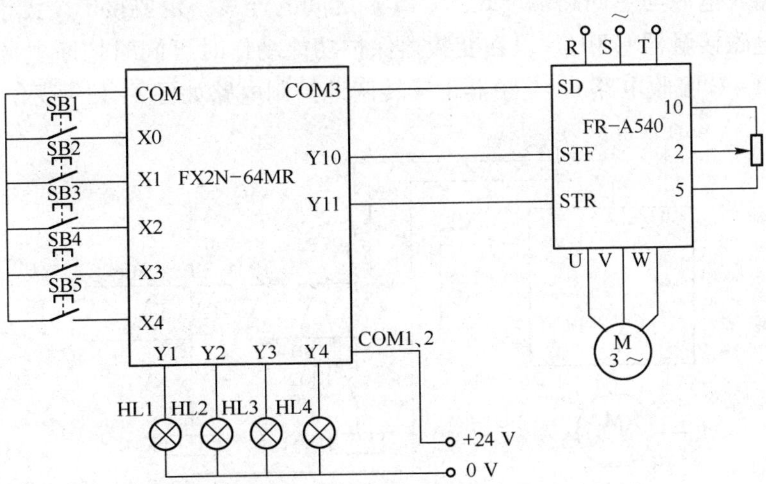

图 4-11　PLC 与变频器控制电动机正、反转的电路

输出继电器 Y0 动作并保持。Y0 动作后，Y1 动作，上电指示灯 HL1 亮。按下 SB3，X2 得到信号并动作，输出继电器 Y10 动作，变频器的 STF 接通，电动机正转启动并运行。同时，Y2 也动作，正转指示灯 HL2 亮。按下 SB4，X3 得到信号并动作，输出继电器 Y11 动作。变频器的 STR 接通，电动机反转启动并运行。同时，Y4 也动作，反转指示灯 HL3 亮。

正文中 X0、Y0 对应于梯形图中的 X000、Y000，以下类同。

当电动机正转或反转时，X2 或 X3 的常闭触点断开，使 SB2（即 X1）不起作用，从而防止变频器在电动机运行的情况下切断电源。

如果再按下 SB2，则 X1 得到信号，使 Y0 复位，指示灯 HL1 灭，变频器不能运行。电动机运行时，如果按下 SB5，则 X4 得到信号，一方面使 Y0 复位，同时 Y4 动作，指示灯 HL4 亮。

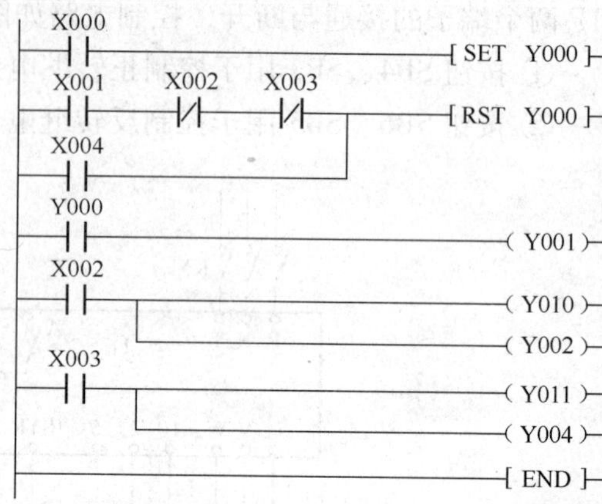

图 4-12　PLC 控制电动机正、反转程序梯形图

输入信号与输出信号之间的逻辑关系如程序梯形图 4-12 所示。

任务实施

一、设计电路

根据任务要求及所提供的器材进行电路设计。本任务的设计要求是：正反转的控制线路上加上两地启动、停止。两地控制线路的一个重要接线原则是控制同一台电动机的多个启动按钮相互并联接在控制电路中。多个停止按钮要相互串联接于控制电路中。根据电器控制电路的设计方法，建立变频控制的电气控制系统电路图。

三相交流输入电源与主回路端（R、S、T）之间的连线一定要接 1 个无熔丝开关。最好能另串接 1 个电磁接触器（MC）以在变频器保护功能动作时可同时切断电源（电磁接触器的两端需加装 R－C 吸收电路）。变频器正反转两地控制电路如图 4-13 所示。

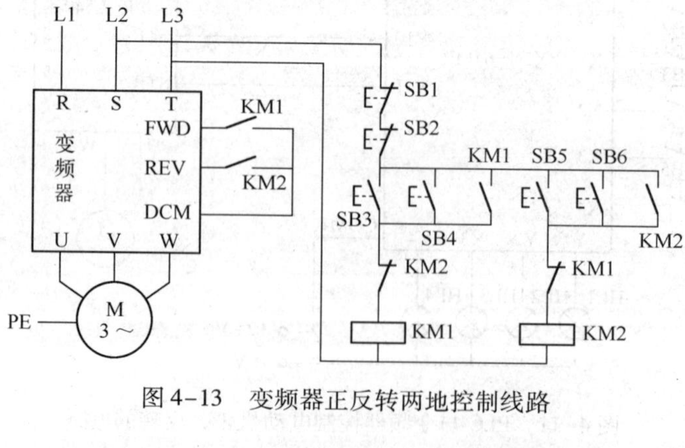

图 4-13　变频器正反转两地控制线路

二、元器件摆放

根据设计的电路图，首先确定变频器、交流接触器位置，然后逐步确定其他电器。元器件布置要整齐、匀称、合理。

为了使冷却效果良好，必须将变频器安装在垂直方向。因为变频器底部装有散热装置，所以其上下左右与相临的物品和挡板必须保持足够的空间。并排安装数台变频器时，相互间应留出100 mm以上的间隔；上下安装数台变频器时，相互间应留出200 mm以上的间隔。

特别提示：确定电器元件安装位置时，应做到既方便安装时布线，又要考虑到便于检修。

三、元器件固定

用划针确定位置，再进行元器件安装固定。元器件要先对角固定，不能一次拧紧，待螺钉上齐后再逐个拧紧。

特别提示：固定时用力不要过猛，不能损坏元件。注意按钮盒不要固定在配线板上。

四、布线

按电路图的要求确定走线方向，进行布线。截取长度合适的导线，选择适当剥线钳钳口进行剥线。线号套管必须齐全，每一根导线的两端都必须套上编码套管。标号要写清楚，不能漏标、误标。接线不能松动，露出铜线不能过长，不能压绝缘层，从一个接线桩到另一个接线桩的导线必须是连续的，中间不能有接头，不得损伤导线绝缘及线芯。各元器件与行线槽之间的导线，应尽可能做到横平竖直，变换走向要垂直。

变频器的接地专门有一个接地端子“E”，应将此端子与大地相接。变频器输入电源R、S、T并无相序分别，可任意连接使用。

五、检查线路

按电路图或电气接线图从电源端开始，逐段核对接线及接线端子处的线号。用万用表检查线路的通断，用500 V兆欧表检查线路的绝缘电阻，检查主、控电路熔断器。

六、变频器参数输入

变频器参数可根据电动机的铭牌规定设置，有些参数也可以由变频器自动测量设置。根据被控制设备要求设置保护参数（如过电压失速、加速中的过电流、运转中的过电流、过转矩等参数）。根据被控制设备负载类型合理设置 u/f 曲线，以及加速、减速时间。设置操作方式，选择有外部端子控制以及控制模式（本例选择二线式第一种控制模式）。

特别提示：上限频率与下限频率是调速控制系统所要求变频器的工作范围，它们的大小应根据实际工作情况设置，避免造成电动机因运转速度过低可能产生过热现象，或是因速度过高造成机械磨损等。设置加速时间的原则是在电动机启动电流不超过允许值的前提下，尽可能地缩短加速时间。需要进行频繁的制动或负载惯性大时，就应当选择外接制动电阻。将设计好的程序用编程器输入到 PLC 中，进行编辑和检查。发现问题，立即修改和调整程序，直到满足工艺流程和状态流程图的要求。

七、空载试运转

变频器的输出端接上电动机，但电动机与负载断开，进行通电试验。观察变频器配上电动机后的工作情况，同时校准电动机的旋转方向。

试验步骤如下：

① 先将频率设置于 0 位，合上电源后，微微提升工作频率，观察电动机的起转情况，以及旋转方向是否正确，如方向相反，则予以纠正。

② 将频率上升至额定频率，让电动机运行一段时间。如一切正常，再选若干个常用的工作频率，也使电动机运行一段时间。

③ 将给定频率信号突降至 0 位（或按停止按钮），观察电动机的制动情况、信号灯等进行调试。

特别提示：安装完毕的控制线路板，必须认真检查并经过老师同意后才能通电试运转。在通电试运转时，应认真执行安全操作规程的有关规定，一人监护，一人操作。空载试运转时接通三相电源，合上电源开关，用试电笔检查，氖管亮表示电源接通。依次按动正反转按钮，观察接触器动作是否正常，两地控制都须经反复几次操作，正常后方可进行带负载试运转。

八、带负载试运转

① 起转试验：使工作频率从 0 Hz 开始微微增加，观察拖动系统能否起转、在多大频率下起转。如起转比较困难，应设法加大启动转矩。具体方法有：加大启动频率，加大 u/f 比，以及采用矢量控制等。

② 启动试验：将给定信号调至最大，按启动键，观察启动电流的变化及整个拖动系统在升速过程中运行是否平稳。若因启动电流过大而跳闸，则应适当延长升速时间，如在某一速度段启动电流偏大，则设法通过改变启动方式（S 曲线）来解决。

③ 停机试验：将运行频率调至最高工作频率，按停止键，观察拖动系统的停机过程中是否出现因过电压或过电流而跳闸，有则应适当延长降速时间。当输出频率为 0 Hz 时，观察拖动系统是否有爬行现象，有则应适当加强直流制动。

特别提示：带负载试运转，拉下电源开关，接通电动机检查接线无误后，再合闸送电，启动电动机。在负载的最低工作频率下，应观察电动机的发热情况。

九、断开电源，整理现场

带负载试运转正常，经指导老师确认后断开电源。先拆除三相电源线，再拆除电动机线，整理现场。

综合评价

完成任务后，对照下表，查看这些能力点是否都掌握了，在相应的方框中打勾。

序　号	能　力　点	掌握情况
1	安装电路	□是　□否
2	参数设置	□是　□否
3	实时监视变频器的运行状态	□是　□否
4	查看实时运行参数	□是　□否
5	调试技能	□是　□否
6	工具仪表使用	□是　□否

拓展内容

对于设计变频器电路的问题其一般基本的操作步骤如下：

理解试题和检查元器件→分析控制要求→输入/输出点分配→编写程序→设计电路图→元器件摆放→元器件固定→布线→检查线路→程序输入→空载试运转→带负载试运转→断开电源，整理现场。

① 理解试题和检查元器件：指认真阅读和理解试题要求，要重点检查电路图、配线板、行线槽、导线及各种元器件是否齐全。检查所用元器件的外观应完整无损，附件、备件齐全，所用元器件要合格。

② 分析控制要求：根据系统需完成的控制任务，对被控对象的控制过程、控制规律、功能和特性进行详细分析。根据电器控制电路的设计方法，建立变频控制的电气控制系统电路图。因为变频器外部端子控制模式有多种，所以在设计时，应先确定变频器外部端子控制模式中的一种。

③ 设计电路图时注意：设计线路一般都是在基本控制线路的基础上增加一些功能，相对都比较简明。要根据自己设计的电路图进行安装与调试，所以一定要认真理解设计要求，所设计的电路要满足机械设备对电气控制线路的要求和保护要求。在满足工艺要求的前提下，力求使控制线路简单、合理、正确和安全，操作和维修要方便。配线距离长或接近强干扰源或大负荷频繁通断的外部信号，最好加中间继电器再次进行隔离。为了保证输出触点的安全和防止干扰，当执行元件为感性负载时，交流负载线圈两端应加入浪涌吸收回路，如阻容电路或压敏电阻。

④ 布线时注意：当变频器和其他设备或有多台变频器一起接地时，每台设备都必须分别与地线相接，不允许将一台设备的接地端与另一台设备的接地端相接后再接地。

确定的走线方向应合理。剥线后弯圈要顺螺纹的方向。一般1个接线端子只能连接1根导线，最多接2根。主回路配线与控制回路的配线必须分离，以防止发生误动作。如必须交错，应做成90°的交叉。装线时不要超过行线槽容量的70%，以便能方便地盖上线槽盖，也便于以后装配和维修。

⑤ 检查线路时注意：布线的同时要不断检查是否按线路图的要求进行布线。重点检查主回路有无漏接、错接及控制回路中容易接错之处。检查导线压接是否牢固，接触是否良好，以免带负载运转时产生打弧现象。用万用表检查线路，可先断开控制回路，用欧姆挡检

查主回路有无短路现象，然后断开主回路再检查控制回路有无开路或短路现象。用 500 V 兆欧表检查线路的绝缘电阻，绝缘电阻不应小于 0.5 MΩ 主、控电路熔断器选择要正确。

思考与练习

1. 变频器的主电路端子 R、S、T 和 U、V、W 接反了会出现什么情况？电源端子 R、S、T 连接时有相序要求吗？

2. 画出变频器控制电动机正反转电路图。

3. 画出利用 PLC 控制变频器实现电动机正反转电路。

任务 3　变频器的工频/变频切换电路

任务描述

用 FX2 系列 PLC 控制工频/变频切换，按控制要求实现功能。

控制要求：

① 能实现工频/变频切换功能。

② 具有工频通电、断电，变频通电、断电，变频运行、停止功能。

③ 工频、变频是不同运行状态，要求互锁。

④ 具有声光报警，延时变频/工频切换功能。

⑤ 排除故障后具有复位功能。

⑥ 工频运行时，变频器失去过载保护作用，必须具有过载保护功能。

任务分析

在变频器拖动系统中，有些系统要求不能停止运行，一旦出现变频器故障，就要手动或自动切换到工频运行。即使变频器正常工作，有些系统也要求工频运行与变频运行相互切换。变频器拖动系统中常需要进行变频—工频运行切换的情况：

1. 投入运行后就不允许停机的设备

如果由变频器拖动，则变频器一旦出现跳闸停机，应马上将电动机切换到工频电源。

2. 应用变频器拖动是为了节能的负载

如果变频器达到满载输出时就失去了节能的作用，这时也应将变频器切换到工频运行。

知识导航

一台电动机变频运行，当频率上升到 50 Hz（工频）并保持长时间运行时，应将电动机切换到工频电网供电，让变频器休息或另作他用；另一种情况是当变频器发生故障时，则需将其自动切换到工频运行，同时进行声光报警。一台电动机运行在工频电网，现工作环境要求它进行无级变速，此时必须将该电动机由工频切换到变频状态运行。那么如何来实现变频与工频之间的切换？

一、手动控制切换电路

1. 手动切换控制线路原理

图4-14为工频运行与变频运行手动切换控制线路。其中，图4-14（a）为主电路，图4-14（b）为控制电路。图中，KM1用于将电源接至变频器的输入端；KM2用于将变频器的输出端接至电动机，KM3用于将工频电源接至电动机。因为在工频运行时，变频器不可能对电动机进行过载保护，所以接入热继电器FR作为工频运行时的过载保护，我们把FR的常闭触点接在了变频与工频的公共端，所以在变频运行时热继电器也有过载保护功能。由于变频器的输出端子是绝对不允许与电源相接的，因此，KM2与KM3是绝对禁止同时导通的，相互之间加了可靠的互锁。

SA为变频运行与工频运行的切换开关。SB2既是工频运行的启动按钮，也是变频运行的电源接入按钮。SB1既是工频运行的停止按钮，也是变频运行的电源切断按钮，与SB1并联的KA的常开触点保证了变频器正在运行期间，不能切断变频器的电源。SB4为变频运行的启动按钮，SB3为变频运行的停止按钮。

当SA处于工频位置时，按下按钮SB2，电动机以工频运行，按下按钮SB1电动机停转。在工频运行期间，SB3和SB4不起作用。

当SA处于变频位置时，按下按钮SB2，接通变频器的电源，为变频器运行做准备，按下按钮SB1切断变频器电源，变频器不能运行。接通变频器的电源后，按下按钮SB4，变频器运行，按下按钮SB3，变频器停止运行。

在变频运行时，不能通过SB1停车，只能通过SB3以正常模式停车，与SB1并联的KA常开触点保证了这一要求。

图4-14没有使用变频器的故障检测功能，变频器的内部继电器端子R1A、R1B、R1C不起作用。即使变频运行时，热继电器也做过载保护使用。若在变频运行时不需要热继电器做过载保护，而使用变频器本身的保护功能，应改变热继电器FR常闭触点的连接位置。

2. 手动切换与故障自动切换的控制电路

同时具有手动切换与变频器出现故障后自动切换的控制电路如图4-15所示，其主电路仍与图4-14（a）相同。

控制电路正常运行、停车、手动切换与图4-14相同，但当变频运行变频器出现故障时，变频器内部继电器R1的常闭触点R1（R1B、R1C）断开，交流接触器KM1、KM2线圈断电，切断变频器与交流电源和电动机的连接。同时R1的常开触点R1（R1A、R1C）闭合，一方面接通由蜂鸣器HA和指示灯HL组成的声光报警电路，另一方面使时间继电器KT线圈通电，其常开触点延时闭合，自动接通工频运行电路，电动机以工频运行。此时操作人员应及时将SA拨到工频运行位置，声光报警结束，及时检修变频器。

在变频运行时，不能通过SB1停车，只能通过SB3以正常模式停车，与SB1并联的KA常开触点保证了这一要求。

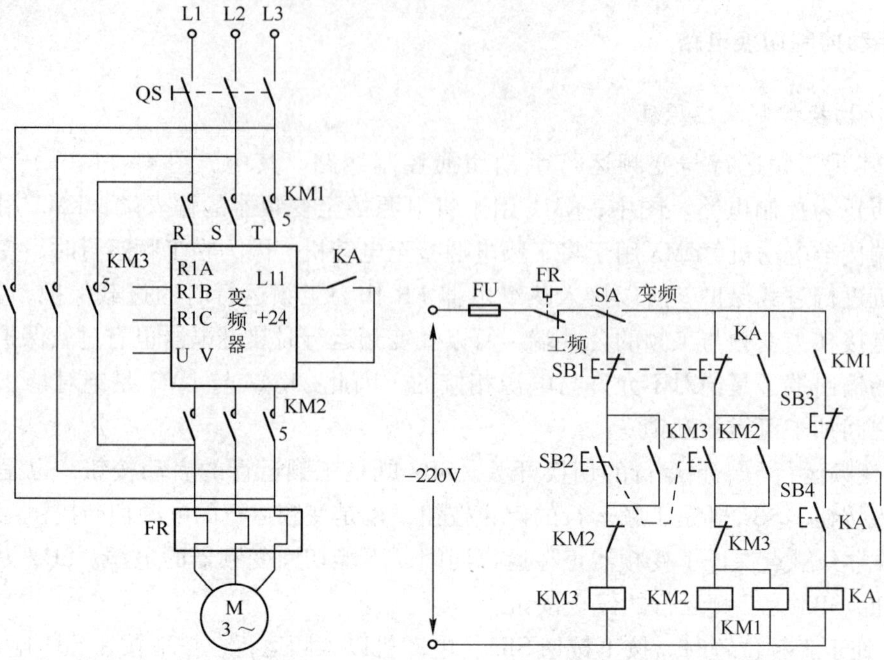

（a） 主电路　　　　（b） 控制电路

图 4-14　工频运行与变频运行手动切换控制线路

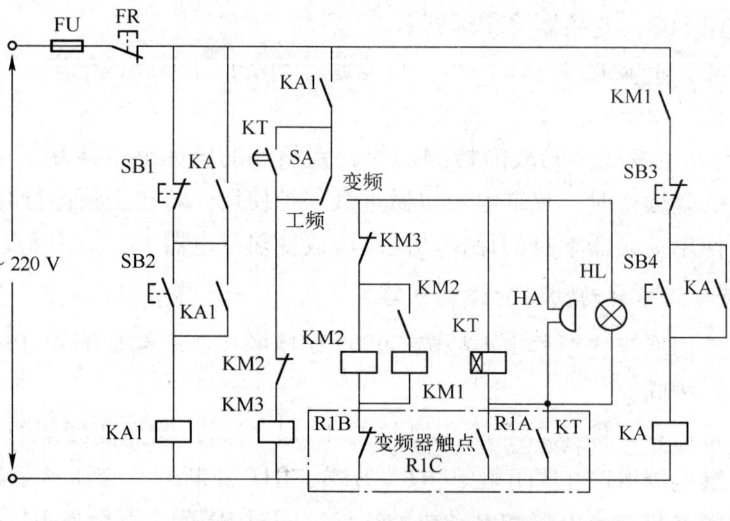

图 4-15　工频与变频转换控制电路

二、用 PLC 控制工频/变频切换

1. 电路图

应用 PLC 与变频器组合的变频与工频的切换控制电路如图 4-16 所示。

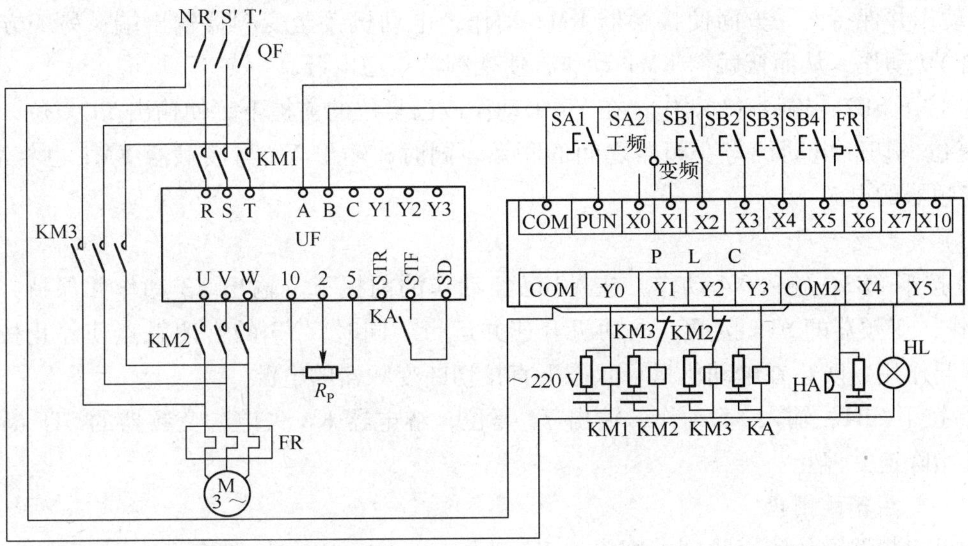

图 4-16 PLC 与变频器组合的变频与工频的切换控制电路

2. 梯形图

输入信号与输出信号之间的逻辑关系如程序梯形图 4-17 所示。现对梯形图说明如下：

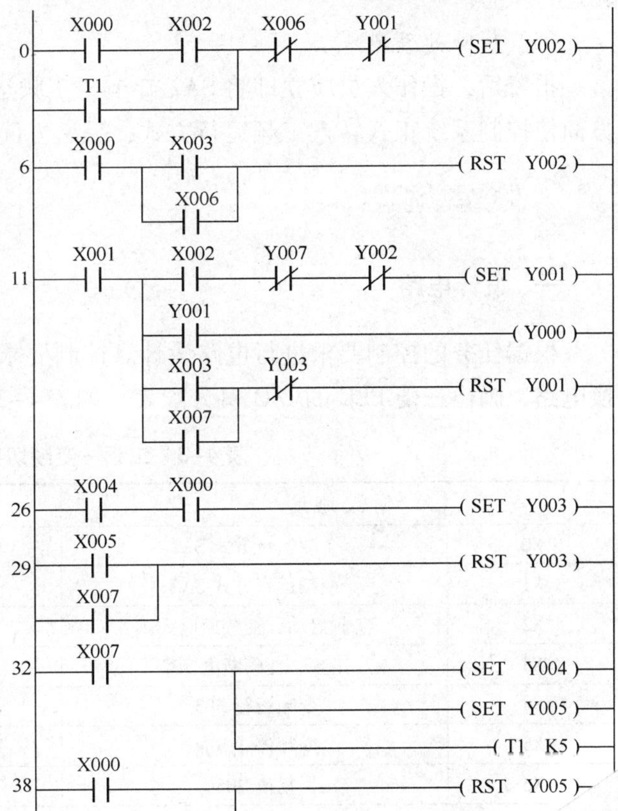

图 4-17 梯形图

（1）工频运行段

① 将选择开关 SA2 旋至“工频运行位”，使输入继电器 X0 动作，为工频运行做好准备。

② 按启动按钮 SB1，输入继电器 X2 动作，使输出继电器 Y2 动作并保持，从而接触器 KM3 动作，电动机在工频电压下启动并运行。

③ 按停止按钮 SB2，输入继电器 X3 动作，使输出继电器 Y2 复位，而接触器 KM3 失电，电动机停止运行。

注意：如果电动机过载，热继电器触点 FR 闭合，输入继电器 Y2、接触器 KM3 相继复位，电动机停止运行。

（2）变频通电段

① 首先将选择开关 SA2 旋至“变频运行”位，（以下将输入继电器和输出继电器分别简称为输入、输出）使输入 X1 动作，为变频运行做好准备。

② 按下 SB1，输入 X2 动作，使输

出 Y1 动作并保持。一方面使接触器 KM2 动作，电动机接至变频器输出端；另一方面，又使输出 Y0 动作，从而接触器 KM1 动作，使变频器接通电源。

③ 按下 SB2，输入 X3 动作，在 Y3 未动作或已复位的前提下，使输出 Y1 复位，接触器 KM2 复位，切断电动机与变频器之间的联系。同时，输出 Y0 与接触器 KM1 也相继复位，切断变频器的电源。

(3) 变频运行段

① 按下 SB3，输入 X4 动作，在 Y0 已经动作的前提下，输出 Y3 动作并保持，继电器 KA 动作，变频器的 STF 接通，电动机升速并运行。同时，Y3 的常闭触点使停止按钮 SB2 暂时不起作用，防止在电动机运行状态下直接切断变频器的电源。

② 按下 SB4，输入 X5 动作，输出 Y3 复位，继电器 KA 失电，变频器的 STF 断开，电动机开始降速并停止。

(4) 变频器跳闸段

如果变频器因故障而跳闸，则输入 X7 动作，一方面 Y1 和 Y3 复位，从而输出 Y0、接触器 KM2 和 KM1、继电器 KA 也相继复位，变频器停止工作；另一方面，输出 Y4 和 Y5 动作并保持，蜂鸣器 HA 和指示灯 HL 工作，进行声光报警。同时，在 Y1 已经复位的情况下，时间继电器 T1 开始计时，其常开触点延时后闭合，使输出 Y2 动作并保持，电动机进入工频运行状态。

(5) 故障处理段

报警后，操作人员应立即将 SA2 旋至“工频运行”位。这时，输入继电器 X0 动作，一方面使控制系统正式转入工频运行方式；另一方面，使 Y4 和 Y5 复位，停止声光报警。

任务实施

一、设计电路

根据任务的控制要求进行电路设计。控制要求见任务描述，根据 PLC 控制工频/变频切换电路，画出三菱 PLC 的 I/O 口分配表，如表 4-3 所示。

表 4-3　工频—变频切换地址分配表

输入地址		输出地址	
X0	工频运行方式 SA2	Y0	接通电源至变频器 KM1
X1	变频运行方式 SA2	Y1	电动机接至变频器 KM2
X2	工频启动、变频通电 SB1	Y2	电源直接接至电动机 KM3
X3	工频、变频断电 SB2	Y3	变频器运行 KA1
X4	变频运行 SB3	Y4	声音报警 HA
X5	变频停止 SB4	Y5	灯光报警 HL
	复位 SB5	Y6	变频器复位 KA2
	热保护		
	声光报警		

二、硬件电路设计

按地址分配表连接电路，输出继电器要接接触器的线圈，变频与工频主电路控制要有互锁。主回路端子（R、S、T）接三相电源输入端，（U、V、W）接三相异步电动机。元器件的摆放要整齐、合理并应考虑其散热、电磁兼容性。导线布线时要注意PLC与变频器的控制线互相干扰。接地线要按照规范要求实施接线。

三、梯形图的设计

工频启动（通电）→工频停止（断电）→变频启动→变频通电→变频断电→变频运行→变频停止→变频故障报警→变频、工频延时切换→故障复位。

四、PLC控制工频/变频切换控制程序

根据梯形图编写控制程序。

五、检查线路

按电路图或电气接线图从电源端开始，逐段核对接线及接线端子处的线号。用万用表检查线路的通断，用500 V兆欧表检查线路的绝缘电阻，检查主、控电路熔断器。

六、变频器参数输入

变频器参数可根据电动机的铭牌规定设置。按照控制要求输入保护参数，上限、下限频率等。

七、空载试运转

带负载运行之前，先空载试运转，发现问题及时切断电源。

综合评价

完成任务后，对照下表，查看这些能力点是否都掌握了，在相应的方框中打勾。

序　号	能　力　点	掌握情况
1	继电器与内置变频与工频切换操作	□是　□否
2	PLC控制工频/变频切换操作	□是　□否
3	模拟调试、运行结果	□是　□否
4	拆线整理	□是　□否

思考与练习

1. 继电器与内置变频与工频切换功能的变频器组合的变频与工频切换控制中，需要设置哪些功能参数？

2. PLC与变频器组合的变频与工频的切换控制与继电器与内置变频与工频切换功能的变频器组合的变频与工频切换控制两种控制方法相比较，各自的优缺点是什么？

3. 简述 PLC 与变频器组合的变频与工频切换控制的操作步骤。

任务 4　上位机对变频器的控制

任务描述

利用计算机实现对变频器的控制。

任务分析

三菱变频器有一个称为 PU 的口，用于连接变频器的操作单元。在操作面板的后面，这个 PU 口是个 RS－485 的接口，利用这个接口可以用通信电缆和计算机连接起来，通过在计算机上编制用户程序实现对变频器进行运行状态的监控以及运行频率的设置、启动、停止等操作。

知识导航

随着现代化工业的不断发展和自动化技术的不断进步，现代化工厂中自动化控制系统普遍用计算机作为上位监控的监控终端。组态软件因其功能的不断完善和应用的简易性，已经广泛应用于工业生产的上位监控中。变频器除单独使用外，多数情况是作为工业自动化控制系统的一个组成部分，尤其是作为被监控的驱动终端存在。因此，在工业自动化系统中，上位机和作执行与检测器件的变频器之间可以相互配合，共同完成控制任务。PC 可以控制变频器的运行方式和给定频率，监控变频器的各个参数。

一、计算机与变频器之间的硬件连接

由于变频器的 PU 口是一个 RS－485 接口，因此相应的计算机也必须有 RS－485 接口。计算机作为主机只能是一台，可以连接多台变频器，连接的变频器应分配不同的站号。为了防止干扰影响，配线应尽可能短。计算机与变频器的标准连接采用 5 根线，带有 RS－485 的计算机与一台变频器的具体接线图如图 4-18 所示。带有 RS－485 的计算机与 n 台变频器的具体接线图如图 4-19 所示。

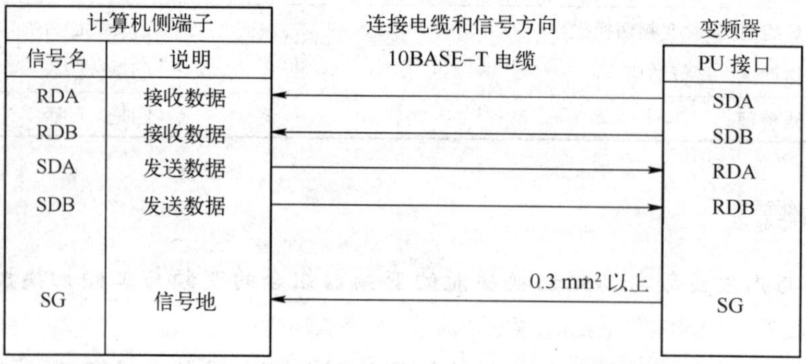

图 4-18　带有 RS－485 的计算机与一台变频器的具体接线图

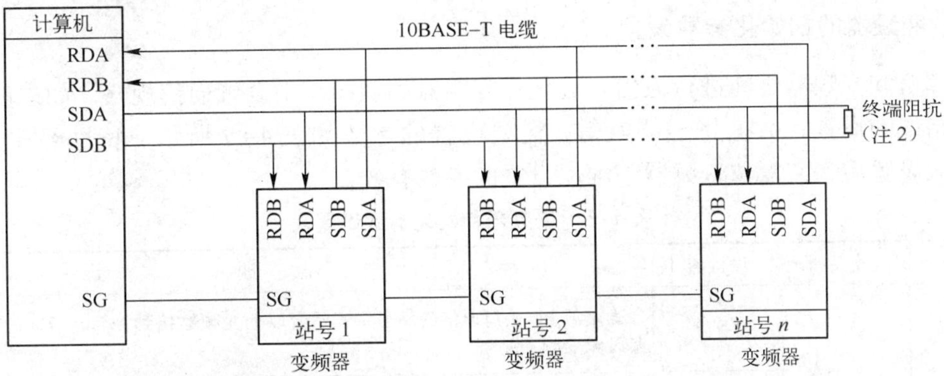

图 4–19　带有 RS－485 接口的计算机与多台变频器组合的连接示意图

由于目前使用的计算机串行接口多采用 RS－232C，因而需外加 RS－232C 与 RS－485 的电平转换器。带有 RS－232C 接口的计算机与多台变频器组合的连接示意图如图 4–20 所示。

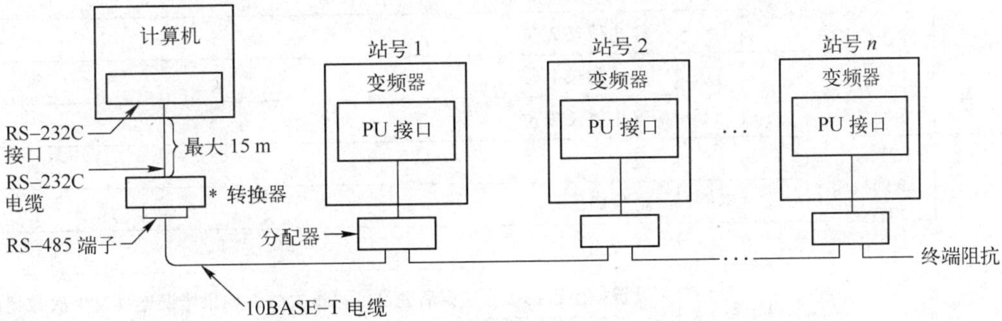

图 4–20　带有 RS－23C 接口的计算机与多台变频器组合的连接示意图

二、计算机与变频器之间的通信规格

计算机与变频器之间进行通信，要按照一定的规格，如表 4–4 所示。

表 4–4　变频器与计算机的通信规格

<table>
<tr><td colspan="3">符合的标准</td><td>RS－485</td></tr>
<tr><td colspan="3">可连接的变频器数量</td><td>1∶N（最多 32 台变频器）</td></tr>
<tr><td colspan="3">通信速率</td><td>可选择 19 200 bit/s、9 600 bit/s 和 4 800 bit/s</td></tr>
<tr><td colspan="3">控制协议</td><td>异步</td></tr>
<tr><td colspan="3">通信方式</td><td>半双工</td></tr>
<tr><td rowspan="6">通信规格</td><td colspan="2">字符方式</td><td>ASCII（7 位/8 位）可选</td></tr>
<tr><td colspan="2">停止位长</td><td>可在 1 位和 2 位之间选择</td></tr>
<tr><td colspan="2">结束</td><td>CR/LF（有/没有 可选）</td></tr>
<tr><td rowspan="2">校验方式</td><td>奇偶校验</td><td>可选择有（奇或偶）或无</td></tr>
<tr><td>总和校验</td><td>有</td></tr>
<tr><td colspan="2">等待时间设置</td><td>在有和无之间选择</td></tr>
</table>

三、变频器的初始化参数设置

计算机和变频器之间进行通信，必须在变频器的初始化中设置通信规格。如果没有设置或有或错误的设置，数据将不能通信，需要设置的参数如表 4-5 所示。特别要注意的是：每次参数设置后，需复位变频器，确保设置的参数有效。

表 4-5　变频器初始化参数设置表

<table>
<tr><th>参数号</th><th>名称</th><th colspan="2">设置值</th><th>说　明</th></tr>
<tr><td>117</td><td>站号</td><td colspan="2">0 ~ 31</td><td>确定从 PU 接口通信的站号，当两台以上变频器接到一台计算机上时，就需要设置变频器站号</td></tr>
<tr><td rowspan="3">118</td><td rowspan="3">通信速率</td><td colspan="2">48</td><td>4 800 Bd</td></tr>
<tr><td colspan="2">96</td><td>9 600 Bd</td></tr>
<tr><td colspan="2">192</td><td>19 200 Bd</td></tr>
<tr><td rowspan="4">119</td><td rowspan="4">停止位长/字节长</td><td rowspan="2">8 位</td><td>0</td><td>停止位长 1 位</td></tr>
<tr><td>1</td><td>停止位长 2 位</td></tr>
<tr><td rowspan="2">7 位</td><td>10</td><td>停止位长 1 位</td></tr>
<tr><td>11</td><td>停止位长 2 位</td></tr>
<tr><td rowspan="3">120</td><td rowspan="3">奇偶校验有/无</td><td colspan="2">0</td><td>无</td></tr>
<tr><td colspan="2">1</td><td>奇校验</td></tr>
<tr><td colspan="2">2</td><td>偶校验</td></tr>
<tr><td rowspan="2">121</td><td rowspan="2">通信再试次数</td><td colspan="2">0 ~ 10</td><td>设置发生数据接收错误后允许的再试次数，如果错误连续发生次数超过允许值，变频器将报警停止</td></tr>
<tr><td colspan="2">9 999
(65 535)</td><td>如果通信错误发生，变频器没有报警停止，这时变频器可通过输入 MRS 或 RES 值号，变频器（电动机）滑行到停止。错误发生时，轻微故障信号（LF）送到集电极开路端子输出，用 Pr. 190 ~ Pr. 195 中的任何一个分配给相应的端子（输出端子功能选择）</td></tr>
<tr><td rowspan="3">122</td><td rowspan="3">通信校验时间间隔</td><td colspan="2">0</td><td>不通信</td></tr>
<tr><td colspan="2">0. 1 ~ 999. 8</td><td>设置通信校验时间（s）间隔</td></tr>
<tr><td colspan="2">9 999</td><td>如果无通信状态持续时间超过允许时间，变频器进入报警停止状态</td></tr>
<tr><td rowspan="2">123</td><td rowspan="2">等待时间设置</td><td colspan="2">0 ~ 150 ms</td><td>设置数据传输到变频器和响应时间</td></tr>
<tr><td colspan="2">9 999</td><td>用通信数据设置</td></tr>
<tr><td rowspan="3">124</td><td rowspan="3">CR，LF有/无选择</td><td colspan="2">0</td><td>无 CR/LF</td></tr>
<tr><td colspan="2">1</td><td>有 CR</td></tr>
<tr><td colspan="2">2</td><td>有 CR/LF</td></tr>
</table>

四、计算机与变频器的通信过程

计算机与变频器之间的数据传输是自动以 ASCII 码式进行的。通信时计算机作为发送单元，启动通信过程，而变频器只能作为接收单元。计算机和变频器之间的通信比较复杂，根据实现功能不同，它们之间的通信过程也不相同。通信过程可分为 3 个阶段：通信请求阶段、变频器响应阶段和计算机对响应数据应答阶段（并不是所有功能都需要 3 个阶段）。具体 3 个阶段的执行过程描述如图 4-21 所示。

计算机发出数据请求后，变频器经过一定时间的数据处理，检查数据是否发生错误。如果变频器发现有数据错误就拒绝接收请求，并要求计算机执行再试操作；如果连续再试操作超过设置值，变频器就进入报警停止状态。计算机得到变频器的响应后，计算机再对返回的数据进行校验，如果校验到数据错误就要求变频器再返回一次响应数据，如果连续再试操作超过设置值，变频器就进入报警停止状态。当数据确认无误后通信有效。

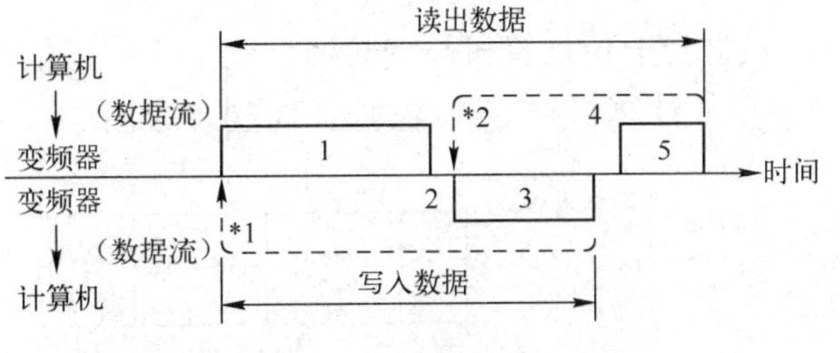

图 4-21　计算机与变频器通信的执行过程图

图 4-21 中，∗1 表示如果发现用户程序通信请求发送到变频器的数据有错误时，从用户程序通信执行再试操作。如果连续再试次数超过参数设置值，变频器进入到报警停止状态。∗2 表示发现从变频器返回的数据错误时，从变频器给计算机返回“再试数据 3”。如果连续数据错误次数达到或超过参数设置值，变频器进入到报警停止状态。图 4-20 中 2 为变频器数据处理时间，除变频器复位外，其他均有数据通信，4 为计算机处理延迟时间，无通信操作，图 4-21 中空白处均表示无通信操作。

五、计算机与变频器的通信数据格式

1. 数据格式类型

计算机与变频器的通信数据格式类型如表 4-6 所示。

表 4-6　数据格式类型

编号	操作		运行指令	运行频率	参数写入	变频器复位	监视	参数读出
1	根据用户程序通信请求发送到变频器		A′	A	A	A	B	B
2	变频器数据处理时间		有	有	有	无	有	有
3	从变频器返回的数据（检查数据 1 的错误）	没有错误 接受请求	C	C	C	无	E E′	E
		有错误拒绝请求	D	D	D	无	F	F
4	计算机处理延迟时间		无	无	无	无	无	无
5	计算机根据返回数据 3 的应答（检查数据 3 的错误）	没有错误 不处理	无	无	无	无	G	G
		随着错误数据 3 输出	无	无	无	无	H	H

2. 具体通信数据格式

数据在上位计算机与变频器上位机之间通信的数据使用 ACSII 码传输。

① 从计算机到变频器的通信请求数据格式如图 4-22 所示。

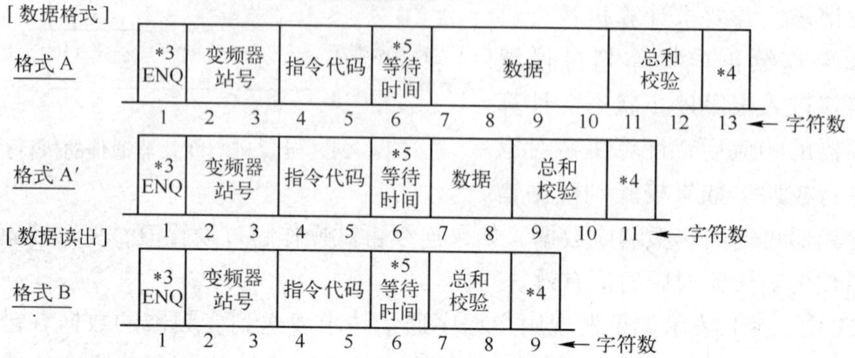

图 4-22　从计算机到变频器的通信请求数据格式示意图

② 数据写入时从变频器到上位计算机的应答数据格式图 4-23 所示。

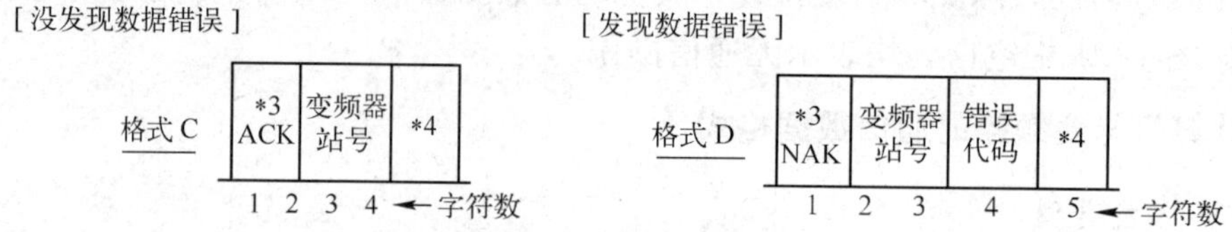

图 4-23　输入数据时从变频器到计算机的应答数据格式示意图

③ 读出数据时从变频器到计算机的应答数据格式如图 4-24 所示。

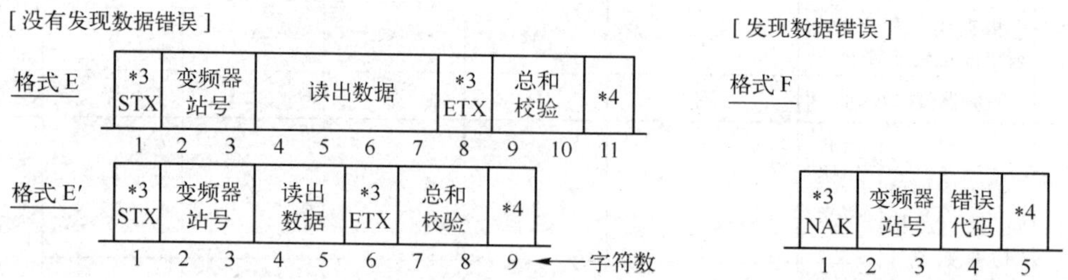

图 4-24　读出数据时从变频器到计算机的应答数据格式示意图

④ 读出数据时从计算机到变频器的发送数据格式如图 4-25 所示。

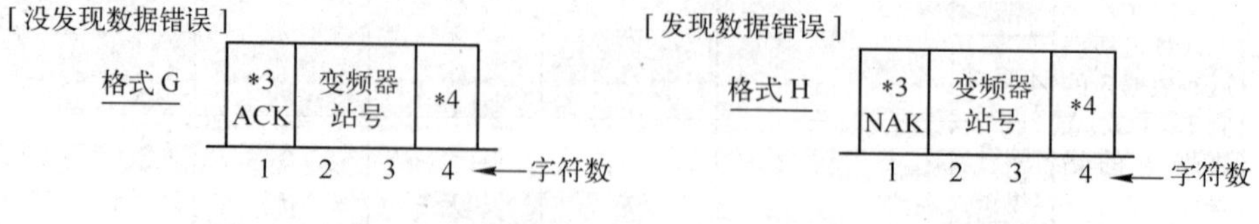

图 4-25　读出数据时从计算机到变频器的发送数据示意图

3. 数据格式中的数据定义

(1) 控制代码

数据格式中的＊3 表示控制代码，各控制代码的定义如表4-7 所示。

表4-7　控制代码的定义

信　　号	ASCII 码	说　　明
STX	H02	正文开始（数据开始）
ETX	H03	正文结束（数据结束）
ENQ	H05	查寻（通信请求）
ACK	H06	承认（没发现数据错误）
LF	H0A	换行
CR	H0D	回车
NAK	H15	不承认（发现数据错误）

(2) 变频器站号

规定与计算机通信的站号，变频器站号范围在 H00 ~ HIF（00 ~ 31）之间设置。

(3) 指令代码

由计算机发给变频器，指明程序工作（如运行、监视）状态。因此，通过响应指令代码，变频器可工作在运行和监视等状态。指令代码的定义如表4-8 所示。

表4-8　指令代码的定义

指令代码	指令定义	对应的 ASCII 码
HFA	正转	H02
HFA	反转	H04
HFA	停止	H00
HED	频率写入	H0000 ~ H2EF0
H6F	频率输出	H0000 ~ H2EF0
H71	电流输出	H0000 ~ HFFF
H72	电压输出	H0000 ~ HFFF

(4) 数据

数据表示与变频器传输的数据，例如频率和参数等。依照指令代码，确认数据的定义和设置范围。

(5) 等待时间

规定为变频器从接收到计算机来的数据到传输应答数据之间的等待时间。根据计算机的响应时间在 0 ~ 150 ms 之间来设置等待时间，最小设置单位为 10 ms。若设置值为 1，则等待时间为 10 ms；若设置值为 2，则等待时间为 20 ms，如图 4-26 所示。

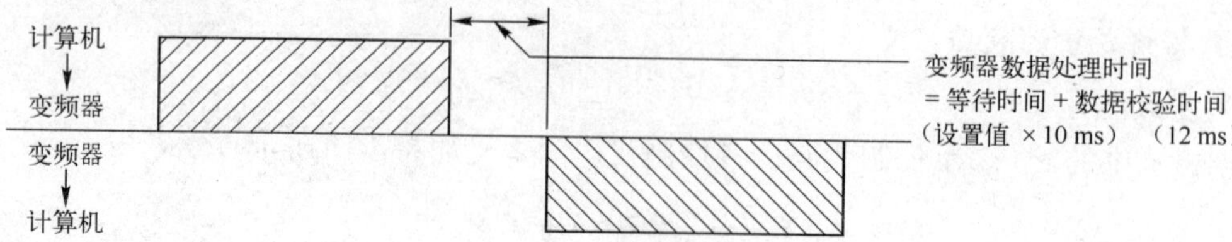

图 4-26　等待时间示意图

（6）总和校验

总和校验是指被校验的 ASCII 码数据的总和。它的求法是：将从“站号”到“数据”的 ASCII 码按十六进制加法求总和，再对和的低两位进行 ASCII 编码。总和校验计算示例如图 4-27（a）、（b）所示。

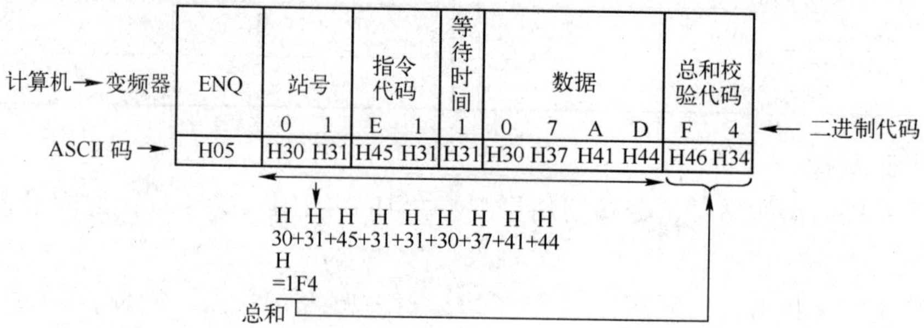

（a）示例

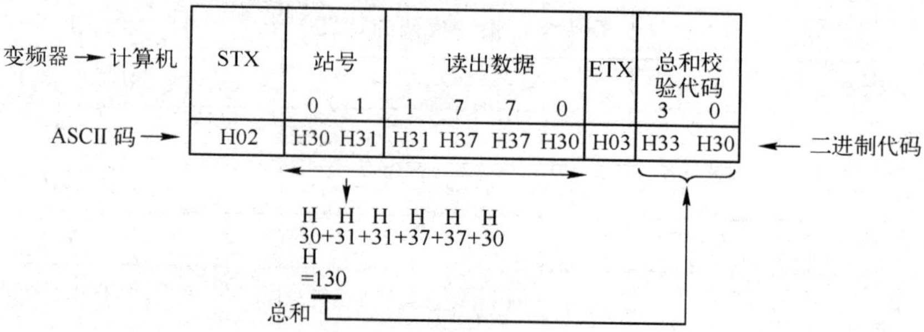

（b）示例

图 4-27　总和校验计算示例

4. 编程

计算机对变频器控制编程常用 VB、VC、汇编等语言，程序中主要包括：数据编码、求取效验和、成帧、发送数据、接收数据的奇偶效验、超时处理、出错重发处理等。

任务实施

一、连接计算机与变频器

按照图 4-19 把计算机与变频器连接好。系统采用 FX2N 系列 PLC1 台、FX2N－485－

BD通信模板、FX2N－CNV－BD板1块、FX2N－ROM－E1功能扩展存储盒1块（安装在PLC本体内）、带RS－485通信接口的三菱变频器8台。安装FX2N－485－BD通信模板和FX2N－ROM－E1功能扩展存储器时，用RJ－45电缆分别将其连接变频器的PU端，在网络末端变频器的信号接收端RDA、RDB之间连接一只100 Ω终端电阻，以消除由于信号反射的影响而造成的通信障碍。

二、变频器通信参数的设置

为了正确地建立通信，必须为变频器设置与通信相关的参数，如站号、通信速率、停止位长/字长、奇偶校验等。按照表4-5对三菱变频器通信参数进行设定。参数的设置通过操作面板或变频器设定软件FR－SW1－SETUP－WE在PU口进行。复位变频器确保设置的参数有效。然后编写通信程序，实现通信。

PC通过RS－485通信控制变频器运行的参考汇编语言程序为：

```
0   LD    M8002
1   MOV   H0C96 D8120
6   LD    X001
7   RS    D10 D26 D30 D49
16  LD    M8000
17  OUT   M8161
19  LD    X001
20  MOV   H5  D10
25  MOV   H30 D11
30  MOV   H31 D12
35  MOV   H46 D13
40  MOV   H41 D14
45  MOV   H31 D15
50  MPS
51  ANI   X003
52  MOV   H30 D16
57  MPP
58  ANI   X003
59  MOV   H34 D17
64  LDP   X002
66  CCD   D11 D28 K7
73  ASCI  D28 D18 K2
80  MOV   K10 D26
85  MOV   K0 D49
90  SET   M8122
92  END
```

以上程序运行时，PC 通过 RS－485 正转启动变频器。

综合评价

完成任务后，对照下表，查看这些能力点是否都掌握了，在相应的方框中打勾。

序　号	能　力　点	掌 握 情 况
1	计算机与变频器的连接	□是　□否
2	变频器参数的设置	□是　□否
3	程序调试	□是　□否
4	拆线整理	□是　□否

思考与练习

1. 画出一台计算机对 5 个变频器控制的电路图。
2. 为了实现变频器与计算机之间的通信，哪些变频器的参数需要初始化设置？
3. 变频器的参数初始化设置后，为什么每次都需要复位变频器？
4. 计算机和变频器通信的数据格式有哪些类型？请给出具体的格式。

项 目 实 训

实训 1　变频器正、反转运行控制电路的安装与调试

一、实训目标

① 掌握外部控制端子的功能及接线；
② 掌握外部控制运行模式下变频器的操作方法；
③ 掌握变频器正、反转运行控制电路器件的选用与安装方法；
④ 掌握变频器正、反转运行控制电路的接线及调试方法；
⑤ 掌握变频器正、反转运行控制电路一般故障排除方法。

二、实训器材

① 三菱交流变频调速器（FR－A540）1 台；
② 变频调速系统实验电气控制箱 1 台；
③ 三相笼形异步电动机 1 台；
④ 电工工具 1 套；
⑤ 5 kΩ/2 W 线绕可变电阻 1 只；
⑥ 导线若干。

三、实训步骤

① 制作变频器实训安装板，指导教师按照《电气安装技术规程》要求组织实施。电气

原理图如图 4-13 所示。

② 变频器参数设置：

- 上限频率 Pr. 1 = 50 Hz。
- 下限频率 Pr. 2 = 30 Hz。
- 基底频率 Pr. 3 = 50 Hz。
- 加速时间 Pr. 7 = 3 s。
- 减速时间 Pr. 8 = 3 s。
- 电子过电流保护 Pr. 9 = 电动机的额定电流。
- 启动频率 Pr. 13 = 10 Hz。
- 设置端子 2 ~ 5 间的频率设置为电压信号 0 ~ 10 V Pr. 73 = 0。
- 允许所有参数的读/写 Pr. 160 = 0。
- 操作模式选择（外部运行）Pr. 79 = 2。
- 其他设置为默认值。

正确设置变频器输出的额定频率、额定电压、额定电流、额定功率、额定转速。

③ 通过外部端子控制电动机启动/停止、正转/反转，按下正转按钮电动机正转启动，按下停止按钮电动机停止，待电动机停止运转，按下反转按钮电动机反转。

④ 运用操作面板改变电动机启动的点动运行频率和加减速时间。

实训要求：画出完整的电气安装图，对每一根导线都要清楚地标记线号。

四、能力评价

完成任务后，对照下表，对每个学生进行项目考核。

序　号	考核项目	掌握情况
1	电路设计是否符合标准	□是　□否
2	是否根据任务要求正确设置参数	□是　□否
3	能否根据任务完成 PLC 程序编制和调试	□是　□否
4	实时监视变频器的运行状态	□是　□否
5	综合调试是否符合操作安全规范	□是　□否

实训 2　基于 PLC 数字量方式多段速控制

一、实训目标

① 了解变频器外部控制端子的功能；

② 掌握外部运行模式下变频器的操作方法；

③ 熟悉 PLC 的编程；

④ 掌握变频器运行状态监视的操作。

二、实训器材

① 三菱变频器（FR - D720）1 台；

② 变频调速系统实验电气控制箱 1 套；
③ FN2N 系列 PLC 1 台；
④ 三相笼形异步电动机 1 台；
⑤ 220 V 信号灯及电铃 1 只；
⑥ 计算机（带编程软件）1 台；
⑦ 连接导线若干。

三、实训步骤

1. 分析 PLC 控制变频器多段速运行原理

相关电路图如图 4-28 所示。

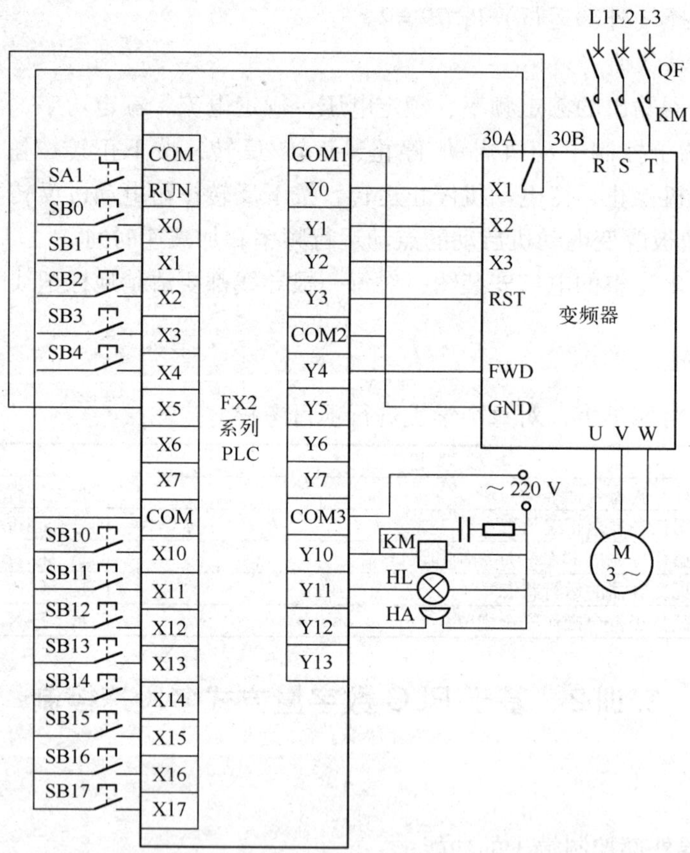

图 4-28　PLC 控制变频器多段速运行

(1) 控制系统电路

在 PLC 多段速运行控制电路中，变频器的接通与断开由 KM 接触器控制；变频器的运行由 FWD 控制；X1 ~ X3 这 3 个端子控制 8 种段速；由 RST 进行系统复位；30A、30B 为变频器总报警输出。在 PLC 的输入控制中，SA1 为转动开关，用于设置 PLC 运行控制方式。

SB0 用于接通主电路；SB1 用于断开主电路；SB2 用于启动变频器；SB3 用于停止变频器；SB4 用于变频器复位；X5 用于变频器报警输入；SB10 ~ SB17 用于设置所需的 8 种段速。Y000 ~ Y002 根据输入所设置的段速，对变频器进行控制。

(2) PLC 控制原理

根据控制系统所要完成的控制动作，设置输入 / 输出控制信号，其输入/输出地址分配如表 4-9 所示。

表 4-9　输入/输出地址分配

输入地址		输出地址	
X0	接通主电路	Y0	编码输出 000 ~ 111
X1	断开主电路	Y1	
X2	启动变频器	Y2	
X3	停止变频器	Y3	变频器复位
X4	复位输入	Y4	启动变频器
X5	报警输入	Y10	接通主电源
X10	0 段速	Y11	灯光报警
X11	1 段速	Y12	声音报警
X12	2 段速		
X13	3 段速		
X14	4 段速		
X15	5 段速		
X16	6 段速		
X17	7 段速		

PLC 控制多段速运行控制参考程序如表 4-10 所示。

表 4-10　多段速运行控制参考程序

序　号	指　令	器件号
0	LD	Y0
1	ANI	Y4
2	SET	Y10
3	LD	X1
4	ANI	Y4
5	OR	X5
6	RST	Y10
7	LD	X2
8	AND	Y10
9	SET	Y4
10	LD	X3
11	RST	Y4
12	LD	X4
13	OUT	Y3

续表

序　号	指　令	器　件　号
14	LD	Y5
15	OUT	Y11
16	OUT	Y12
17	LD	Y10
18	AND	Y4
19	ENCO（P）	X10
		D10
		K3
26	MOV（P）	D10
		M0
35	LD	M0
36	OUT	Y0
37	LD	M1
38	OUT	Y1
39	LD	M2
40	OUT	Y2
41	END	

在梯形图中，使用编码指令 FNC42 ENCO，将 SB10 ~ SB17 输入中设置的段速进行编码，形成变频器所需要的输入信号。编码指令所实现的输入/输出之间的对应关系如表 4-11 所示。

表 4-11　输入/输出对应关系

输入段速	输　出		
X	Y2	Y1	Y0
X10（0 段速）	0	0	0
X11（1 段速）	0	0	1
X12（2 段速）	0	1	0
X13（3 段速）	0	1	1
X14（4 段速）	1	0	0
X15（5 段速）	1	0	1
X16（6 段速）	1	1	0
X17（7 段速）	1	1	1

2. 安装

将变频器组件、PLC 组件及其他器件根据原理图安装。

3. 调试运行

① 将程序指令预置给 PLC，同时将变频器的有关功能参数预置。

② 操作各个控制开关，观察变频器是否按照设计的功能运行。

③ 若上述调试过程有问题，应该分以下两步进行检查：其一，PLC 程序指令和变频器的功能参数预置是否正确；其二，电路连接是否正确。

四、能力评价

完成任务后，对照下表，对每个学生进行项目考核。

序　号	考核项目	掌握情况
1	变频器与 PLC 的电路连接是否正确	□是　□否
2	变频器的功能参数设置	□是　□否
3	PLC 程序的编制是否正确	□是　□否
4	实时监视变频器的运行状态	□是　□否
5	掌握键盘控制	□是　□否

项目5 变频器的选择、安装及维护

在变频器的使用中，由于变频器选型、使用和维护不当，往往会引起变频器不能正常运行，甚至引发设备故障，导致生产中断，带来不必要的损失。为此，本项目将介绍变频器的选择、安装和维护方法等内容。

学习目标

一、知识目标

① 掌握变频器的选择方法。
② 掌握变频器容量的计算。
③ 了解变频器的安装要求和注意事项。

二、技能目标

① 掌握变频器的安装工艺与方法。
② 能够进行变频器的选择与计算。
③ 能够进行变频器的日常维护与检修。

任务1 变频器的选择

任务描述

某一恒定转矩连续运行设备，笼形交流异步电动机的主要参数如下：额定功率22 kW；额定电压380 V；额定电流42 A；额定转速1470 r/min；额定频率50 Hz。试选用合适容量的变频器。

任务分析

选择一台适合生产的变频器，变频器的类型一般要根据负载要求选择。一般来说，生产机械的特性分为恒转矩负载、恒功率负载和风机、泵类负载转矩等二次方率负载3种类型。

① 对于恒转矩负载，如挤压机、搅拌机、传送带、工厂运输电车、起重机等，如采用普通功能型变频器，要实现恒转矩调速，常采用加大电动机和变频器容量的办法，以提高低速转矩；如采用具有转矩控制功能的高性能变频器来实现恒转矩调速，则更理想，因为这种变频器低速转矩大，静态机械特性硬度大，不怕负载冲击，具有挖土机特性。

② 对于恒功率负载，如车床、刨床、鼓风机等，由于没有恒功率特性的变频器，一般

依靠 u/f 控制方式来实现恒功率。

③ 对于二次方律负载，如风机、泵类等，由于负载转矩与转速平方成正比，低速时负载转矩较小，通常可选择专用或节能型通用变频器。

④ 对于要求精度高、动态性能好、响应速度快的生产机械，如造纸机、注塑机、轧钢机等，应采用矢量控制高性能通用变频器；电力机车、电梯、起重机等领域，可选用具有直接转矩控制功能的专用变频器。

知识导航

目前，市场上各个厂家的变频器种类繁多，而只有合适的变频器才能使机械设备电控系统既能长期正常、安全可靠地运行，又能实现最佳性价比。变频器的正确选用是使用好变频器的第一步，那么我们该如何选用变频器？

一、变频器类型的选择

根据控制功能等综合考虑，可以将变频器按实际情况分为：

① 普通功能型 u/f 控制变频器。

② 具有转矩控制功能的 u/f 控制变频器。

③ 矢量控制高性能型变频器。

但是往往选择一台适合生产的变频器，变频器的类型一般要根据负载要求选择。一般来说，生产机械的特性分为恒转矩负载、恒功率负载和风机、泵类降转矩等二次方率负载3种类型。

对于恒转矩类负载，如挤压机、搅拦机、传动带、厂内运输电车、起重机构等分为两种类型：

① 采用普通功能型：为了实现恒转矩调速，常采用加大电动机和变频器容量的办法来提高低速转矩。

② 采用具有转矩控制功能的高功能型。用此变频器实现恒转矩负载的恒速运行，是较理想的。这种变频器的低速转矩大，静态机械特性硬度大，不怕冲击负载，具有挖土机特性，性价比十分令人满意。

对于要求精度高、机械特性和动态性能好、速度响应快的生产机械，如造纸机、注塑机、轧钢机等负载，通常指具有矢量控制功能的高性能变频器，且能进行四象限运行的变频器，主要用于对动态响应较高的场合。

对于恒功率负载，如车床、刨床、鼓风机等，由于没有恒功率特性的变频器，可依靠 u/f 控制方式来实现恒功率。

对于风机、泵类负载，由于负载转矩与转速的平方成正比即二次方率负载，此类负载低速时负载转矩较小，通常可选择专用或普通功能型通用变频器。此类变频器有以下特点：

① 过载能力较低。因为风机和水泵等在运行过程中很少发生过载。

② 具有闭环控制和 PID 调节功能。水泵在具体运行时常常需要进行闭环控制，如在供水系统中，要求进行恒压供水控制；在中央空调系统中，要求恒温控制、恒温差控制，故此类变频器设置 PID 调节功能

③ 具有“1”控“X”的切换功能。为了减少设备投资，常常采用由一台变频器控制若干台水泵的控制方式，为此许多变频器专门设置了切换功能。

必须指出，有些通用型变频器对3种负载都可适用，除此之外还有以下几种类型：

① 具有电源再生功能的变频器：当变频器中直流母线上的泵升电压过高时，能将再生的直流电逆变成三相电流反馈给电源，主要用于电动机长时间处于再生状态的场合，如起重机的吊钩电动机。

② 其他专用变频器：如电梯专用变频器、纺织专用变频器、张力控制专用变频器等。

二、变频器容量的计算

采用变频器驱动异步电动机调速。在异步电动机确定后，通常应根据异步电动机的额定电流来选择变频器，或者根据异步电动机实际运行中的电流值（最大值）来选择变频器。当运行方式不同时，变频器容量的计算方式和选择方法不同，变频器应满足的条件也不一样。选择变频器容量时，变频器的额定电流是一个关键量，变频器的容量应按运行过程中可能出现的最大工作电流来选择。变频器的运行一般有以下几种方式：

1. 连续运转时所需的变频器容量的计算

由于变频器传给电动机的是脉冲电流，其脉动值比工频供电时电流要大，因此须将变频器的容量留有适当的余量。此时，变频器应同时满足以下3个条件：

$$P_{CN} \geqslant \frac{KP_M}{\eta\cos\varphi} \quad (kV \cdot A) \tag{5-1}$$

$$I_{CN} \geqslant KI_M \quad (A) \tag{5-2}$$

$$P_{CN} \geqslant K\sqrt{3}U_M I_M \times 10^{-3} (kV \cdot A) \tag{5-3}$$

式中：

P_M、η、$\cos\varphi$、U_M、I_M：分别为电动机输出功率、效率（取0.85）、功率因数（取0.75）、电压（V）、电流（A）。

K：电流波形的修正系数（PWM方式取1.05～1.1）。

P_{CN}：变频器的额定容量（kV·A）。

I_{CN}：变频器的额定电流（A）。

I_M 如按电动机实际运行中的最大电流来选择变频器时，变频器的容量可以适当缩小。

2. 加减速时变频器容量的选择

变频器的最大输出转矩是由变频器的最大输出电流决定的。一般情况下，对于短时的加减速而言，变频器允许达到额定输出电流的130%～150%（视变频器容量），因此，在短时加减速时的输出转矩也可以增大；反之，如只需要较小的加减速转矩时，也可降低选择变频器的容量。由于电流的脉动原因，此时应将变频器的最大输出电流降低10%后再进行选定。

3. 频繁加减速运转时变频器容量的选定

根据加速、恒速、减速等各种运行状态下的电流值，按式（5-4）确定：

$$I_{1CN} = [(I_{1t_1} + I_{2t_2} + \cdots + I_{5t_5})/(t_1 + t_2 + \cdots t_5)]K_0 \tag{5-4}$$

式中：

I_{1CN}：变频器额定输出电流（A）。

I_1t_1、I_2t_2、$\cdots I_5t_5$：各运行状态平均电流（A）。

t_1、t_2、$\cdots t_5$：各运行状态下的时间。

K_0：安全系数（运行频繁时取1.2，其他条件下为1.1）。

4. 一台变频器传动多台电动机，且多台电动机并联运行，即成组传动

用一台变频器使多台电动机并联运转时，对于一小部分电动机开始启动后，再追加投入其他电动机启动的场合，此时变频器的电压、频率已经上升，追加投入的电动机将产生大的启动电流，因此，变频器容量与同时启动时相比需要大些。

以变频器短时过载能力为150%，1 min以内为例计算变频器的容量，此时若电动机加速时间在1 min内，则应满足以下两式：

$$P_{CN} \geqslant \frac{2}{3} P_{CN1}\left[1+\frac{n_s}{n_T}(K_S-1)\right] \tag{5-5}$$

$$I_{CN} \geqslant \frac{2}{3} n_T\left[1+\frac{n_s}{n_T}(K_S-1)\right] \tag{5-6}$$

若电动机加速在1 min以上时

$$P_{CN} \geqslant P_{N1}\left[1+\frac{n_s}{n_T}(K_S-1)\right] \tag{5-7}$$

$$I_{CN} \geqslant n_T I_M\left[1+\frac{n_s}{n_T}(K_S-1)\right] \tag{5-8}$$

式中：

n_T：并联电动机的台数。

n_s：同时启动的台数。

P_{CN1}：连续容量（kV·A）　$P_{CN1}=KP_M/\eta\cos\varphi$。

其中：P_M：电动机输出功率。

η：电动机的效率（约取0.85）。

$\cos\varphi$：电动机的功率因数（常取0.75）。

K：电流波形正系数（PWM方式取1.05～1.10）。

K_S：电动机启动电流/电动机额定电流。

I_M：电动机额定电流。

P_{CN}：变频器容量（kV·A）。

I_{CN}：变频器额定电流（A）。

变频器驱动多台电动机，但其中可能有一台电动机随时挂接到变频器或随时退出运行。此时，变频器的额定输出电流可按式（5-9）计算：

$$I_{1CN} \geqslant K\sum_{i=1}^{j} I_{MN} + 0.9I_{MQ} \tag{5-9}$$

式中：

I_{1CN}：变频器额定输出电流（A）。

I_{MN}：电动机额定输入电流（A）。

I_{MQ}：最大一台电动机的启动电流（A）。

K：安全系数，一般取 1.05 ~ 1.10。

J：余下的电动机台数。

5. 电动机直接启动时所需变频器容量的计算

通常，三相异步电动机直接用工频启动时启动电流为其额定电流的 5 ~ 7 倍，对于电动机功率小于 10 kW 的电动机直接启动时，可按式（5–10）选取变频器。

$$I_{1CN} \geq I_K / K_g \tag{5-10}$$

式中：

I_K：在额定电压、额定频率下电动机启动时的堵转电流（A）。

K_g：变频器的允许过载倍数 $K_g = 1.3 \sim 1.5$。

在运行中，如电动机电流不规则变化，此时不易获得运行特性曲线，这时可使电动机在输出最大转矩时的电流限制在变频器的额定输出电流内进行选定。

6. 大惯性负载启动时变频器容量的计算

通过变频器过载容量通常多为 125%、60 s 或 150%、60 s。需要超过此值的过载容量时，必须增大变频器的容量。这种情况下，一般按式（5–11）计算变频器的容量：

$$P_{CN} \geq \frac{K_{n_M}}{9\,550\eta\cos\varphi}\left[T_L + \frac{GD^2}{375} \cdot \frac{n_M}{t_A}\right] \tag{5-11}$$

式中：

GD^2 为换算到电动机轴上的转动惯量值（$N \cdot m^2$），其中 GD^2 表示飞轮转矩。

$GD^2 = 4gJ$，$J = m\rho^2$。

ρ：物体的回转半径，所以 $GD^2 = 4gm\rho^2$ 或 $GD^2 = \dfrac{-T_L(t_2 - t_1)}{(n_2 - n_1)}$。

T_L：负载转矩（N · m）。

η、$\cos\varphi$、n_M 分别为电动机的效率（取 0.85），功率因数（取 0.75），额定转速（r/min）。

t_A：电动机加速时间（s），由负载要求确定。

K：电流波形的修正系数（PWM 方式取 1.05 ~ 1.10）。

P_{CN}：变频器的额定容量（kV · A）。

7. 轻载电动机启动时变频器的选择

电动机的实际负载比电动机的额定输出功率小时，多认为可选择与实际负载相称的变频器容量。但是对于通用变频器，若实际负载小，使用比按电动机额定功率选择的变频器容量小的变频器并不理想。主要原因如下：

① 电动机在空载时也流过额定电流的 30% ~50% 的励磁电流。

② 启动时流过的启动电流与电动机施加的电压、频率相对应，而与负载转矩无关，如果变频器容量小，此电流超过过流容量，则往往不能启动。

③ 电动机容量大，则以变频器容量为基准的电动机漏抗百分比变小，变频器输出电流的脉动增大，因而过流保护容量动作，往往不能运转。

④ 电动机用通用变频器启动时，其启动转矩同用工频电源启动相比多数变小，根据负

载的启动转矩特性，有时不能启动。另外，在低速运转区的转矩有比额定转矩减小的倾向，用选定的变频器和电动机不能满足负载所要求的启动转矩和低速区转矩时，变频器和电动机的容量还需要再加大。

以上介绍的是几种不同情况下变频器的容量计算与选择方法，具体选择容量时，既要充分利用变频器的过载能力，又要不至于在负载运行时使装置超温。有些制造厂还备有确定装置定额软件，只要用户提出明确的负载图就可以确定装置的输出定额。

三、变频器的外围设备及其选择

选定好变频器后，下一步就应该选择与变频器相配合的外围设备。

1. 选择目的

① 保证变频器驱动系统能够正常工作。

② 提供对变频器和电动机的保护。

③ 减少对其他设备的影响

2. 设备的配件选择

由图5-1中区别1、2、3、4、9和10为常规配件，5、6、7、8和L是专用配件，下面将部分讲解。

（1）常规配件

常规配件指一般设备通用的元件。若发生损坏需要更换，则随时可以买到或更换，无特殊要求。

① 电源变压器——1：其作用是将供电电网的高压电源转换为变频器所需要的电压等级（200 V或400 V），我们所用的是降压变压器：由变电所10 kV降至所需电网工频电压。

确定变压器容量的方法有经验值和计算值之分。从经验值来看，一般变压器容量为变频器容量的1.5倍左右。

具体计算公式：

$$变压器容量=\frac{变频器的输出功率}{变频器输入功率因数\times变频器效率}$$

变频器输入功率因数在有交流电抗器时取0.8～0.85；没有交流电抗器时取0.6～0.85；变频器效率一般取0.9～0.95。

② 避雷器——2：其作用是吸收由电源侵入的感应雷击浪涌电压泄入大地，保护与电源相连接的全部机器（30 kW以上）。

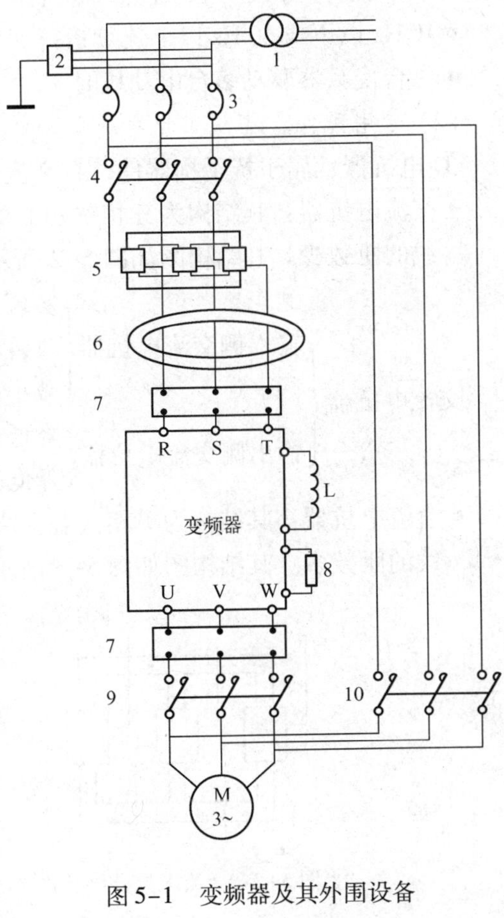

图5-1　变频器及其外围设备

③ 电源侧断路器——3：其作用是用于变频器、电动机与电源回路的通断，并且在出现过流或短路事故时能自动切断变频器与电源的联系，以防止事故扩大。一般其额定电流可按变频器的额定电流来选用。若直接接电动机，要按电动机的启动电流进行选择。

④ 电源侧交流接触器——4：其作用是自动切断变频器与电源的连线，以便保护设备及人身安全。在使用上应注意：不用其频繁启动或停止；不用其停止变频器。

⑤ 电动机侧交流接触器——9：其作用是自动切断变频器与电动机连线，以便保护设备及人身安全。

使用时要注意：在变频器运转中请勿将输出侧的电磁接触器从 OFF→ON，即在闭合接触器时，先要将变频器输出侧的 9 号元件合以后，才能将变频器输入侧的 4 号元件合上。(若先将 4 号元件合上，变频器运转，变频器输出端有触电危险)；而且此时变频器运转以后，会有很大的冲击电流，会因产生过电流异常而停机。

⑥ 工频电网切换用接触器——10：用于保证设备持续供电，在变频器有故障时，自动切换为电网工频供电。

⑦ 热继电器：一种过载保护元件。变频器的过载保护元件是电子热敏保护。使用注意：在以下状态运行时，必须要用热继电器作过载保护。

- 10 Hz 以下或 60 Hz 以上连续运行。
- 一台变频器驱动多台电动机时。

(2) 专用配件（需从变频器厂配置）

① 电抗器：属于抗干扰器件，有交流电抗器直流电抗器两种。

- 交流电抗器：其结构为三相铁心上绕制三相线圈，特点是导线截面积足够大，线圈导线的匝数少。其结构图如图 5-2 所示。它用于交流电路，用途如下：

交流电抗器
- 输入侧交流电抗器
  - 实现电源与变频器的匹配
  - 改善功率因数
  - 减小高次谐波的不良影响
- 输出侧交流电抗器
  - 降低电动机噪声
  - 降低高次谐波的不良影响

- 直流电抗器：其结构为单相铁心上绕制单相线圈，特点是线圈导线截面积小，线圈导线的匝数多。其结构图如图 5-3 所示，主要用于变频器直流电路改善功率因数。

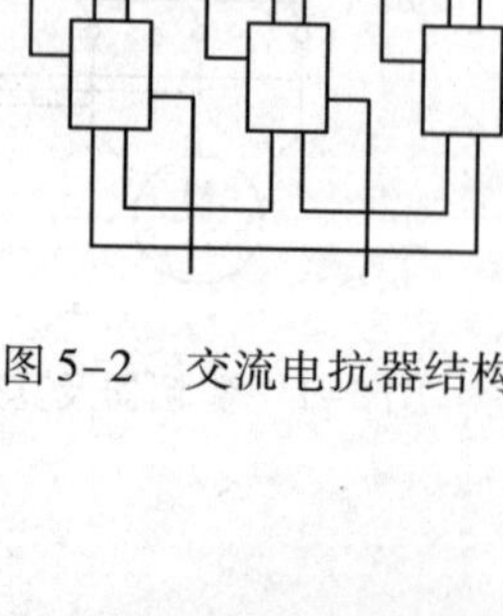

图 5-2　交流电抗器结构图

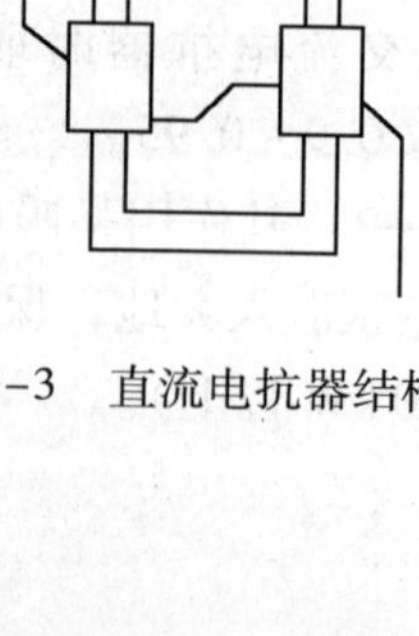

图 5-3　直流电抗器结构图

② 滤波器：也属于抗干扰器件，按照结构的不同分为两类：磁心少，匝数多；磁心多，匝数少。这样的结构，目的是为了得到相同而稳定的磁通。其结构特点是：

- 它实际是电感量较小的线圈；
- 各相的连接线在同一磁心上按同一个方向绕制，一般变频器输入端的线圈比输出端的线圈匝数多；
- 采用环形铁心。

图5-4所示为交流电抗器的结构图。其的工作原理如下：

当三相进线一起穿过磁心时，电流基波分量的合成磁通为零，故对电流的基波分量并无影响。但谐波分量的合成磁通不为零，故能起到削弱谐波分量的作用。

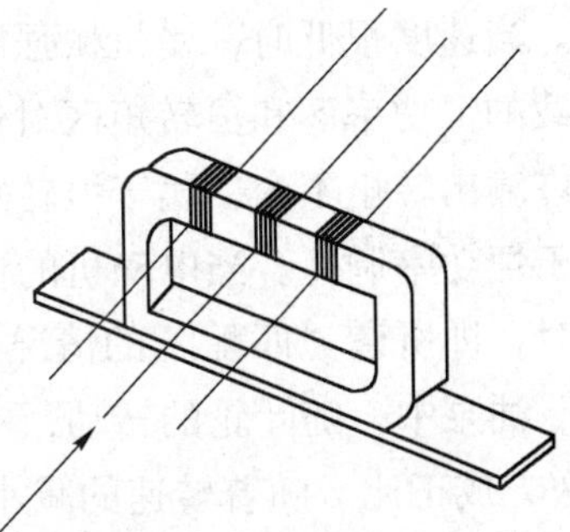

磁心少，匝数多

图5-4　交流电抗器结构图

任务实施

具体方案如下：

① 根据电动机所带负载类型选择变频器的类型。由于是恒转矩负载，故可选用通用型变频器。

② 根据电动机额定电流和运行情况等计算变频器的容量，属于控制单台电动机且连续运转。故变频器的额定输出电流计算如下：

$$I_{CN} \geqslant 1.1\,I_{M} = 1.1 \times 42 = 46.2(\text{A})$$

因此，可以选择三菱FR－A740系列变频器。

综合评价

完成任务后，对照下表，查看这些能力点是否都掌握了，在相应的方框中打勾。

序　号	能力点	掌握情况
1	负载的类型与输出技术分析	□是　□否
2	变频器类型的选择	□是　□否
3	容量的计算	□是　□否
4	工具的使用	□是　□否

拓展内容

电动机与变频器的正确选择对于控制系统的正常运行是非常关键的。对于一般用途大多采用通用变频器，不需要选择变频器类型，只需要根据负载类型进行设置即可。人们在实践中常将生产机械分为3种类型：恒转矩负载、恒功率负载和风机、水泵负载。负载转矩T_L与转速n无关，任何转速下T_L总保持恒定或基本恒定。例如，传动带、搅拌机、挤压机等摩擦类负载以及吊车、提升机等位能负载都属于恒转矩负载。变频器拖动恒转矩性质的负载时，低速下的转矩要足够大，并且有足够的过载能力。如果需要在低速下稳速运行，应该考虑标准异步电动机的散热能力，避免电动机的温升过高。机床主轴和轧机、造纸机、塑料薄膜生产线中的卷取机、开卷机等要求的转矩，大体与转速成反比，这就是所谓的恒功率负载。当速度很低时，受机械强度的限制，T_L 不可能无限增大，在低速下转变为恒转矩性质。负载的恒功率区和恒转矩区对传动方案的选择有很大的影响。电动机在恒磁通调速时，最大允许输出转矩不变，属于恒转矩调速；而在弱磁调速时，最大允许输出转矩与速度成反比，属于恒功率调速。当电动机的恒转矩和恒功率调速的范围与负载的恒转矩和恒功率范围相一致时，即所谓“匹配”的情况下，电动机的容量和变频器的容量均最小。在各种风机、水泵、油泵中，随叶轮的转动，空气或液体在一定的速度范围内所产生的阻力大致与速度 n 的 2 次方成正比。随着转速的减小，转矩按转速的 2 次方减小。这种负载所需的功率与速度的 3 次方成正比。当所需风量、流量减小时，利用变频器通过调速的方式来调节风量、流量，可以大幅度地节约电能。由于高速时所需功率随转速增长过快，与速度的 3 次方成正比，所以通常不应使风机、泵类负载超工频运行。用户可以根据自己的实际工艺要求和运用场合选择不同类型的变频器。选择电动机容量的基本原则是：能带动负载，在生产工艺所要求的各个转速点长期运行不过热。在旧设备改造时，尽量保留原有设备的电动机。

思考与练习

1. 常见的负载有几种类型？
2. 简述变频器类型、容量的选择方法。
3. 电抗器的作用是什么？
4. 滤波器的作用是什么？

任务 2　变频器的安装、布线及抗干扰措施

任务描述

某水泥厂回转窑驱动用的一台 MM440 – 200 kW 变频器，由于负载惯量较大，启动转距大，设备启动时频率只能上升到 5 Hz 左右就再也上不去，并且报警［F0001］。我们当时认为：作为变频器本身是没有问题的，问题是客户参数设置不当，用矢量控制方式，再正确设置电动机的参数/模型就可以解决问题。又过了两天客户来电说变频器已经坏了，故障现象是上电显示［-----］。

任务分析

经现场检查分析，这种故障是因为主控板出问题造成的，因为用户在安装的过程中没有严格遵循 EMC 规范，强弱电没有分开布线、接地不良并且没有使用屏蔽线，致使主控板的 I/O 口被烧毁。后来工程师去现场维修，更换了一块主控板问题就解决了。

知识导航

一、安装环境

变频器属于电子器件装置，为了确保变频器安全、可靠地稳定运行，变频器的安装环境应满足以下条件：

1. 环境温度

对安装在机壳内的变频器来说，所允许的环境温度一般为 -10℃ ~ +45℃。如果散热条件好（当除去变频器的壳体时），所允许的环境温度有时也为 -10℃ ~ +50℃。如果变频器长期不用，存放温度最好为 -10℃ ~ +30℃。如果无法满足这些要求，应安装空调。

在环境温度较高的场所，必须采用安装冷却装置和避免日光直晒等措施，保证环境温度控制在厂家要求的范围之内，从而保证变频器能够正常工作。

此外，在进行定期保养维修时还应及时清扫控制柜的空气过滤器，检查冷却风扇是否正常工作。

2. 环境湿度

按照厂家的要求采取各种必要的措施，尤其是要保证变频器内部不出现结露的情况，一般相对湿度不超过 90% （无结露现象）。对于新建厂房和在阴雨季节，每次开机前，应检查变频器是否有结露现象，以避免变频器发生短路故障。

3. 振动

根据产品说明书的要求，对于传动带和冲压机械等振动较大的设备，必要时应采取安装防振橡胶等措施，并进行定期的检查、维护和加固工作。而对于由于机械设备的共振而造成的振动来说，则可以利用变频器的频率跳跃功能，使机械系统避开这些共振频率，以达到降低振动的目的。

4. 安装场所

在海拔高度 1 000 m 以下使用。如果海拔高度超过 1 000 m，则变频器的散热能力下降。变频器最大允许输出电流和电压都要降低使用，降低的百分率与变频器的具体型号有关。例如，某变频器在海拔高度 1 000 m 以下，最大允许输出电流和电压分别为 500 A 和 400 V，如果将此变频器安装在海拔高度为 3 000 m 的场所，此变频器的生产厂家规定最大允许输出电流和电压为 465 A 和 360 V。

5. 对环境空气的要求

在室内使用，变频器本体应设置在无直射阳光、无腐蚀性气体和无易燃易爆气体，没有油滴或水珠溅到以及尘埃和铁粉较少的场所。在必要时，可以对变频器的壳体进行涂漆处理和采用防尘结构，这是因为潮湿、腐蚀性气体及尘埃是造成变频器内部电子器件生锈、接触不良、绝缘性能降低的重要因素。对于有导电性尘埃的场所（如碳纤维生产厂），要采用封闭式结构。对有可能产生腐蚀性气体的场所，应对控制板进行防腐处理。

6. 其他条件

如果变频器长期不用，变频器内的电解电容会发生劣化现象，当实际运行时会出现由于电解电容的耐压降低和漏电增加而引发故障。因此，最好每隔半年通电一次，通电时间保持30～60 min，使电解电容自我修复，以改善劣化特性。

二、安装方式

1. 墙挂式安装

由于变频器本身具有较好的外壳，故一般情况下，允许直接靠墙安装，称为墙挂式安装，如图5-5所示。

为了保持良好的通风效果，变频器与周围阻挡物之间的距离应符合以下要求：

① 两侧大于或等于100 mm。

② 上、下方大于或等于150 mm。

为了改善冷却效果，所有变频器都应垂直安装。此外，为了防止异物掉在变频器的出风口而阻塞风道，最好在变频器出风口的上方加装保护网罩。

2. 柜式安装

当周围的尘埃较多时，或和变频器配用的其他控制电器较多而需要和变频器安装在一起时，采用柜式安装。具体的安装方法如下：

① 在比较洁净、尘埃很少时，尽量采用柜外冷却方式，如图5-6（a）所示。

② 如果采用柜内冷却时，应在柜顶加装抽风式冷却风扇。冷却风扇的位置应尽量在变频器的正上方，如图5-6（b）所示。

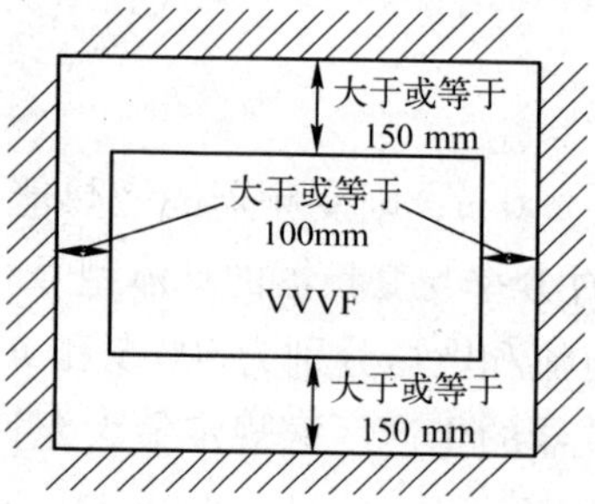

图5-5　墙挂式安装

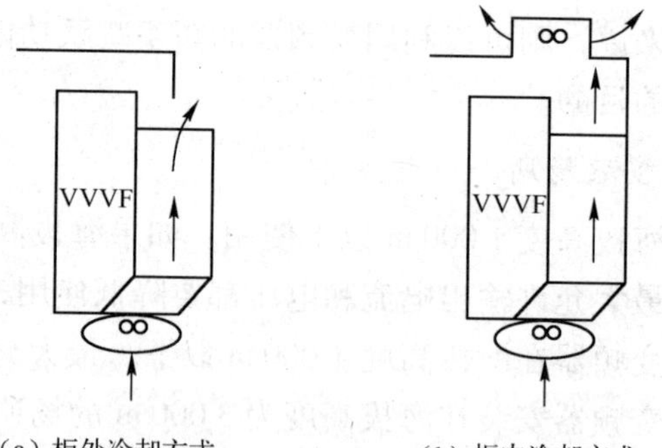

（a）柜外冷却方式　（b）柜内冷却方式

图5-6　单台变频器的柜式安装

当一台控制柜内装有两台或两台以上变频器时，应尽量并排安装（横向排列），如图5-7（a）所示。如必须采用纵向排列，则应在两台变频器间加一块隔板，以避免下面变频器出来的热风直接进入到上面的变频器内，如图5-7（b）所示。

变频器在控制柜内请勿上下颠倒或平放安装，变频控制柜在室内的空间位置，要便于变频器的定期维护。

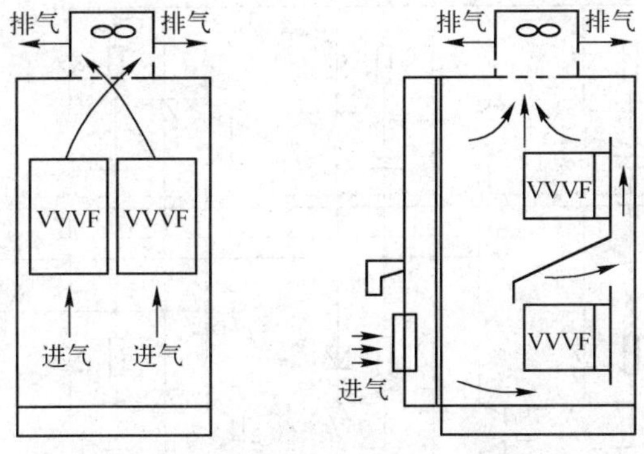

（a）横向排列　　　（b）纵向排列

图 5-7　两台变频器在电气柜中的安装方法

三、配线

1. 主电路配线与接线

首先应检查一下电缆的线径是否符合要求，然后注意将主电路和控制电路的配线分开，分别走不同的路线。在不得不经过同一接线口时也应在两种电缆之间设置隔离壁，以防动力线的噪声侵入控制线，造成变频器异常。其次，变频器主电路的基本接线和实物图如图 5-8 和图 5-9 所示。变频器的输入端和输出端是绝对不允许接错的。万一将电源进线接到了 U、V、W 端，则不管哪个逆变管导通，都将引起两相间的短路而将逆变管迅速烧坏，如图 5-10 所示。

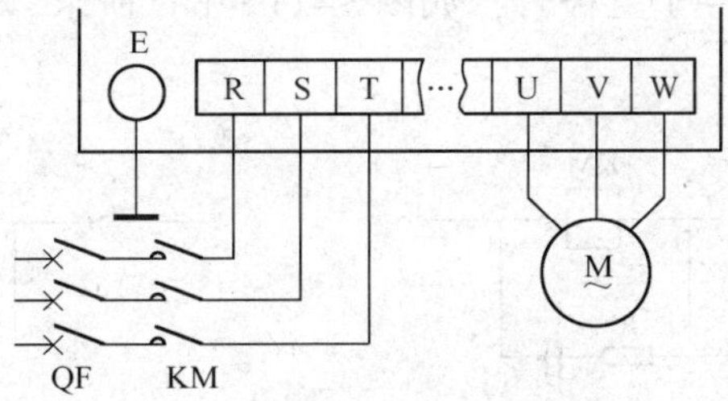

R、S、T——变频器的输入端，接电源进线

U、V、W——变频器的输出端，与电动机相接

图 5-8　主电路的基本接线

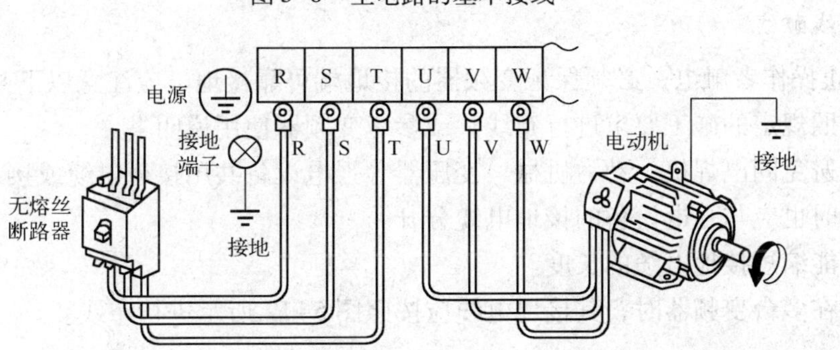

图 5-9　通用变频器的主电路接线端子实物图

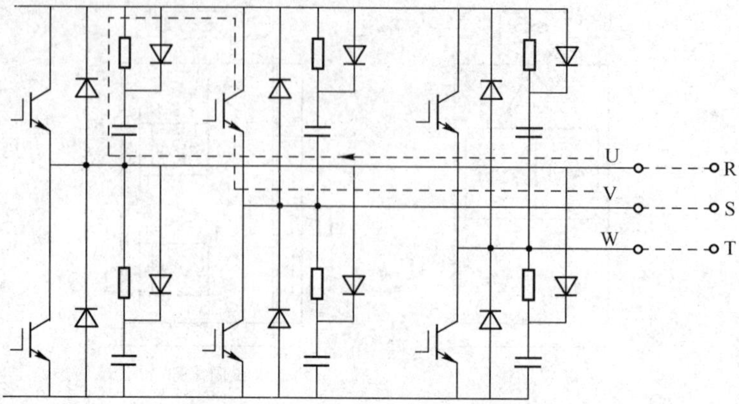

图 5-10　变频器输入端与输出端接错的后果

注意：不能用接触器 KM 的触点来控制变频器的运行和停止，应该使用控制面板上的操作键或接线端子上的控制信号；变频器的输出端不能接电力电容器或浪涌吸收器；电动机的旋转方向如果和生产工艺要求不一致，最好用调换变频器输出相序的方法，不要用调换控制端子 FWD 或 REV 的控制信号来改变电动机的旋转方向。

另外，接触器、电磁继电器的线圈及其他各类电磁铁的线圈都具有很大的电感。在接通和断开的瞬间，由于电流的突变，它们会产生很高的感应电动势，因而在电路内会形成峰值很高的浪涌电压，导致内部控制电路误动作。所以，在所有电感线圈的两端，必须接入浪涌电压吸收电路。在大多数情况下，可采用阻容吸收电路，如图 5-11（a）所示；在直流电路的电感线圈中，也可以只用一个二极管，如图 5-11（b）所示。

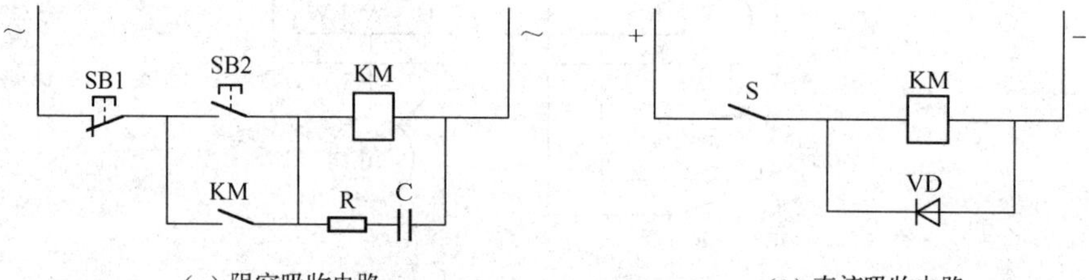

（a）阻容吸收电路　　（b）直流吸收电路

图 5-11　浪涌电压吸收电路

2. 接地线配线

为了防止操作者触电，必须保证变频器的接地端可靠接地。应注意以下几点：

① 应按照规定的施工要求进行布线，或参考变频器使用说明书。

② 绝对避免同电焊机、动力机械、变压器等强电设备共用接地电缆或接地极。

③ 布线时也应与强电设备的接地电缆分开。

④ 尽可能缩短接地电缆的长度。

⑤ 在存在多台变频器时，其接地电缆应按照图 5-12 所示进行布线。

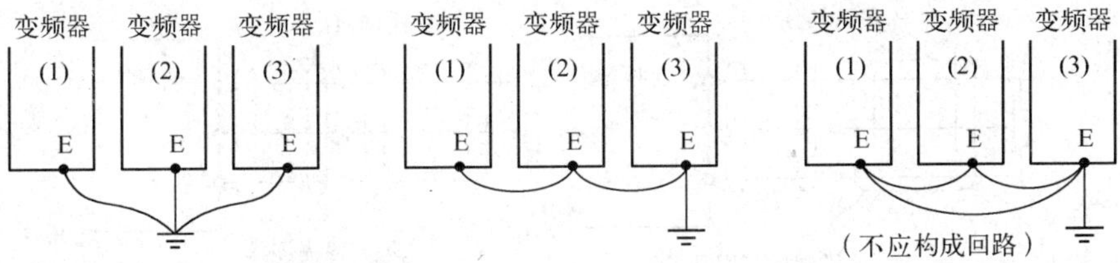

（a）最好的接地布线方式　（b）正确的接地布线　（c）错误的接地布线

图 5-12　多台变频器的接地布线要领

3. 控制电路布线

一般来说，控制电路布线应特别注意以下几点：

① 控制电路的布线应和主电路及其他动力线分开。

② 因变频器的故障信号和多功能接点输出信号等有可能同高压继电器相连，所以应该将其连线与控制电路的其他端子和接点分开。

③ 模拟量控制线。模拟量控制线主要包括：

- 输入侧的给定信号线和反馈信号线。
- 输出侧的频率信号线和电流信号线。

模拟量信号的抗干扰能力较低，为了避免因干扰信号造成误动作，在对控制电路进行布线时应采用屏蔽线或双绞线或者加装屏蔽层。靠近变频器的一端，应接控制电路的公共端（COM），而不要接到变频器的地端（E）或大地，如图 5-13 所示。屏蔽层的另一端应该悬空。

布线时还应该遵守以下原则：

- 尽量远离主电路 100 mm 以上。
- 尽量不和主电路交叉，如必须交叉时，应采取垂直交叉的方式。

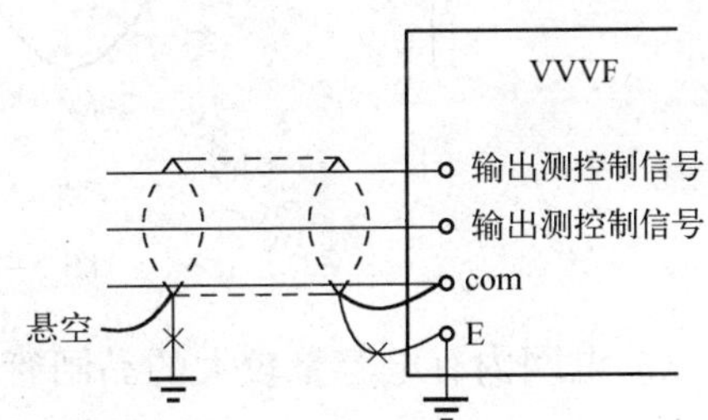

图 5-13　屏蔽层的一般接法

④ 在连线时应充分注意模拟信号线的极性。

⑤ 在检查控制电路连线时不要使用万用表的蜂鸣功能。因为万用表的蜂鸣挡一般电阻值很小，这样内部电源电压会很大，会损坏变频器内部的电子元器件。

图 5-14 所示为屏蔽线的连接方式。

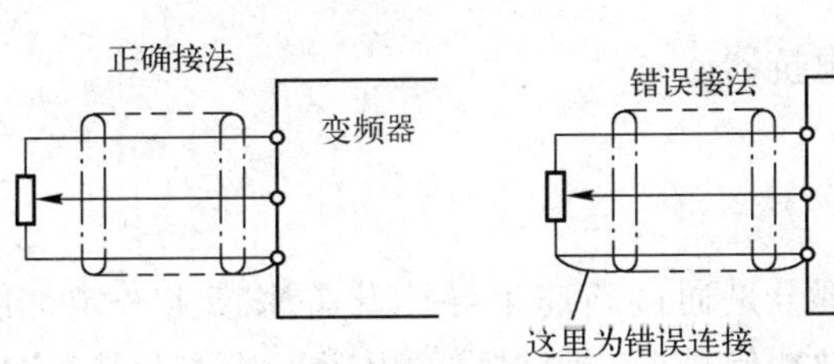

（a）

图 5-14　屏蔽线与变频器的连接

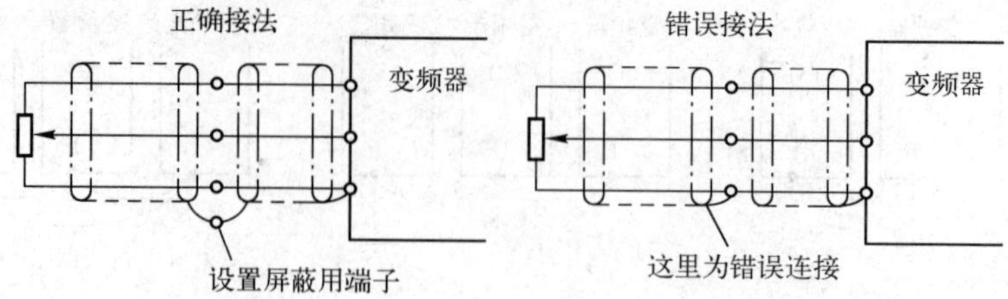

（b）

图 5-14　屏蔽线与变频器的连接（续）

四、变频器的抗干扰

1. 外界对变频器的干扰

（1）主要干扰来源

电源的进线，主要类型为构成电源无功损耗的低次谐波。

① 电源侧的补偿电容——（即变频器的输入端接入的电容）引起电压峰值过高，使电压发生畸变（见图 5-15（a）），最终导致变频器主回路中整流部分的整流二极管承受过高的反向电压而损坏。

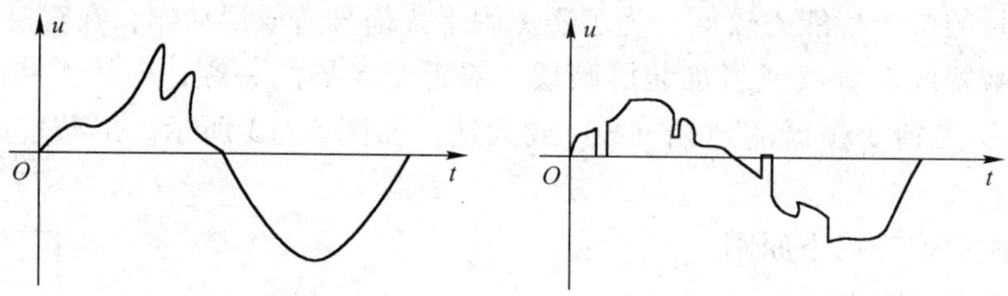

（a）　　（b）

图 5-15　外界对变频器的干扰

② 电网内有电容量较大的晶闸管作为换向设备时，引起的电压凹凸且不连续，使电压发生断续（见图 5-15（b）），最终导致变频器主回路中整流部分的整流二极管有可能因承受过大的反向恢复电压而受到损坏。

总之，外部对变频器的干扰主要是使变频器整流部分的整流二极管损坏。

（2）采取的抗干扰措施

在输入电路中接入交流电抗器。

2. 变频器对外界的干扰

（1）干扰产生的原因

由于变频器中的逆变管部分是通过高速半导体开关来产生一定宽度和极性的 SPWM 控制信号，这种具有陡变沿的脉冲信号会产生很强的电磁干扰，尤其是输出电流，它们将以各种方式把自己的能量传播出去，形成对其他设备的干扰信号，严重地超出电磁兼容性标准的极限要求。

(2) 干扰信号的成分

干扰信号主要是频率很高的谐波成分，如图5-16所示。

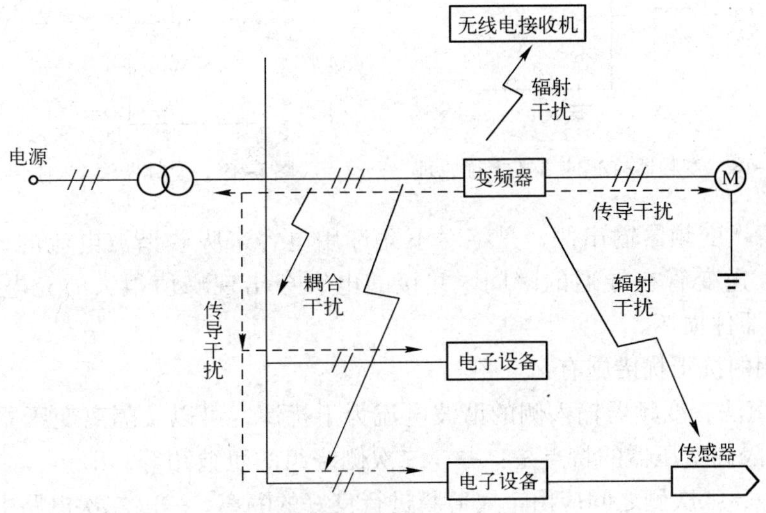

图5-16 谐波的干扰途径

(3) 干扰信号的传播方式及途径

① 空中辐射方式：即以电磁波的方式向外辐射。

② 电磁感应方式：即通过线间电感感应。

③ 静电感应方式：即通过线间电容感应。

④ 线路传播方式：即主要通过电源网络传播。

(4) 抗干扰措施

变频器输入侧采用的抗干扰措施有：

① 对于空中辐射方式：通过吸收的方式来削弱，通常采用并联电容的方法，如图5-17所示（无线电抗干扰滤波器）。

② 对于通过感应方式（静电或电磁）：通过正确的布线和采用屏蔽线来削弱，屏蔽线的接法见图5-14屏蔽线与变频器的连接内容。

③ 对于线路传播方式：主要通过增大线路在干扰频率下的阻抗来削弱，实际相当于串联一个小电感，如图5-18所示。其作用是：在基频时，它的阻抗是微不足道的，但对于在频率较高时的谐波电流，却呈现出很高的阻抗，起到有效的抑制作用。

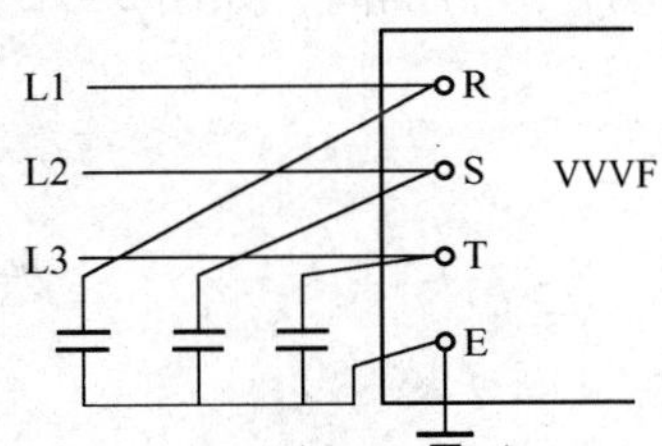

图5-17 变频器抗空中辐射方式干扰原理

变频器输出侧采用的抗干扰措施有：

在输出侧回路中串入电抗器（见图5-19），串入滤波电抗器LD可以削弱输出电流中的谐波成分，此方法不但起到了抗干扰作用，还会削弱电动机中由于谐波电流引起的附加转矩，改善电动机运行特性。

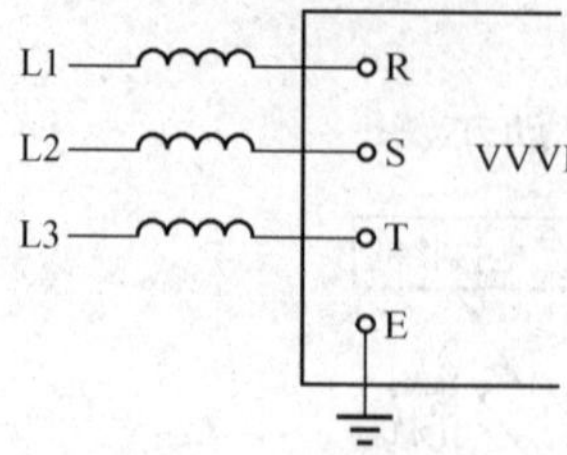

图 5-18　变频器抗感应方式干扰原理

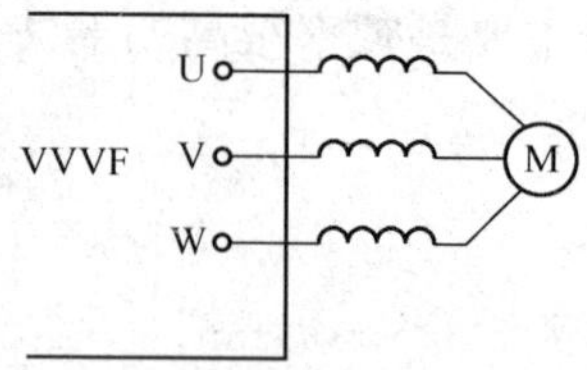

图5-19　变频器输出侧抗干扰原理

特别要注意：变频器输出侧，是绝对不允许用电容来吸收谐波电流的，如图 5-20 所示。这是因为：逆变管在导通的瞬间，并接的电容会出现峰值很大的充电电流（放电电流），导致逆变器件损坏。

仪器侧采用的抗干扰措施有：

① 电源隔离法：变频器输入侧的谐波电流为干扰源，可以接隔离变压器来抗干扰，如图 5-21 所示。隔离变压器的特点是：一、二次侧绕组的匝数相等，即一、二次侧之间无变压的功能，但一、二次侧之间应由金属薄膜进行良好的隔离，一、二次电路中都可介入电容器。其屏蔽层作用原理是：对正常的频率信号没有阻碍作用，只有传递的功用，而对于谐波干扰信号，则起到阻碍消除作用。

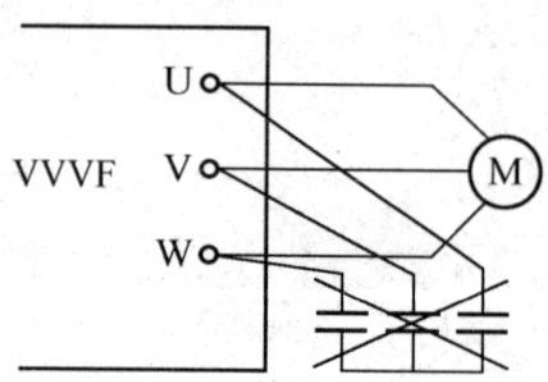

图 5-20　变频器输出侧严禁并接电容

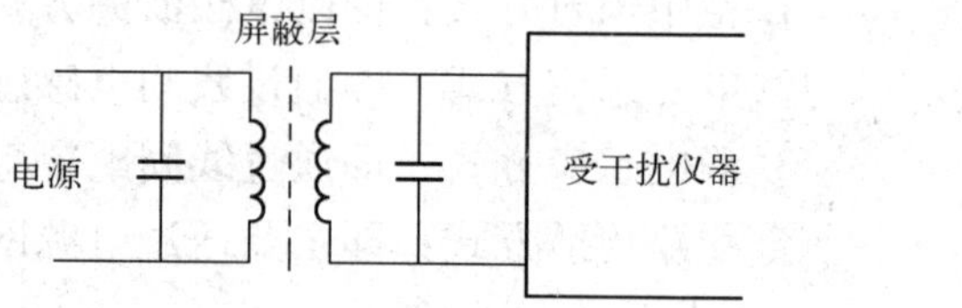

图 5-21　输入测电源隔离法

② 信号隔离法：对于长距离传输或线路较长并采用电流信号的场合，采用光耦合器（光隔）进行隔离，如图 5-22 所示。

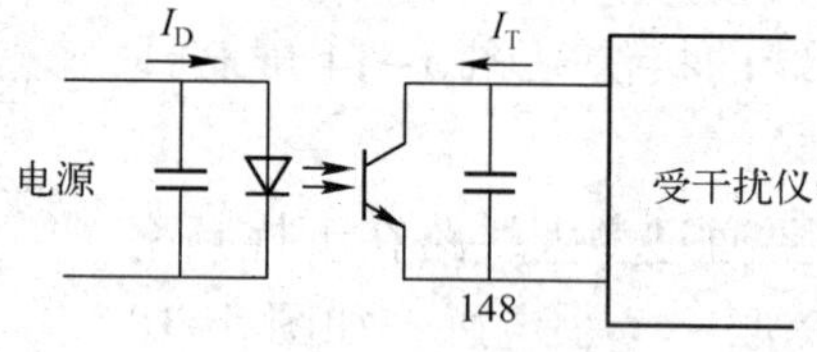

图 5-22　信号隔离法

任务实施

一、元器件布置图

设备、电气控制柜、操纵台上的元器件布置位置与安装方法应通过元器件布置图明确。元器件布置图的总体要求、设计标准与常规电气控制系统相同。

在布置元器件时，应重点注意以下事项：

① 元器件布置图应标明所有元器件的具体安装部位、尺寸与要求。

② 元器件布置图应完整、清晰地反映控制系统全部元器件的实际安装情况。

③ 图纸可以指导、规范现场生产与施工，并为今后系统的安装、调试、维修提供帮助。

二、电气连接图

电气接线图是用来表明电气设备之间相互连接关系的图纸，设计要求如下：

① 电气接线图应能准确、完整、清晰地反映系统中全部元器件相互间的连接关系；能正确指导、规范现场生产与施工，并为安装、调试、维修提供帮助。

② 为了方便施工，在必要时可以通过插头连接表等形式，直接、清晰地反映控制系统各单元之间的相互连接关系。

③ 电气接线图的元器件名称、代号等必须与原理图相符，且能够反映出各元器件的实际连接要求，如线号、线径、导线的颜色等。

④ 电气接线图要逐一标明设备上每走一线管、走线槽内的连接线（包括备用线）的数量、规格、长度；所采用的防护措施（如采用金属软管型号、规格、长度等）；所需要的标准件（如软管接头及管夹的数量、型号、规格等）、连接件（如采用插头的型号、规格）等。

三、内部连接要求

系统连接线的布置必须合理、规范，以减少、消除线路中的干扰，提高可靠性。连接线、电缆原则上应根据电压等级与信号的类型，采用“分层敷设”等方法进行隔离；通过金属屏蔽密封。当输入/输出连线无法与动力线“分层敷设”时，应尽可能采用屏蔽电缆，并将屏蔽层接地；同时，输入信号与输出信号不宜布置在同一电缆内，应采用单独的连接电缆。

不同电压、不同类型的信号线或动力线与信号线，应尽量避免在同一接线端子排、同一插接件上连接；在无法避免时，应通过备用端子、备用引脚将其隔离，以防止连接线间的短路并减小线路间的相互干扰。

用于系统模拟量输入/输出、脉冲输入/输出的连接线必须采用“双绞”屏蔽线，在有条件的场合，最好使用“双绞双屏蔽”的电缆进行连接。采用隔离变压器时，隔离变压器到变频器与交流伺服驱动器之间的连线应尽可能地短，以减小线路中的干扰。

变频器与交流伺服驱动器的电源连接线应有足够的线径，以减小线路的压降；电源进线应进行绞接处理，防止高频干扰。信号电缆是容易受到干扰的部位，应保证它与动力线的距离在30~50 mm以上。

系统的接地系统必须完整、规范、合理，连接线应有足够的线径，设备的各控制部分应采用独立的接地方式，不能使用公共地线。控制系统使用的屏蔽线，应通过标准电缆夹等器件，将屏蔽层进行良好的接地。

四、外部连接要求

变频电动机、伺服电动机的电枢连接线，应尽可能采用屏蔽电缆进行连接，以减小其对其他设备的干扰。

控制系统的电气柜与设备间的连线应有良好的防护措施，应用接地良好的金属软管、屏蔽电缆、金属走线槽等进行外部防护，使之既有机械强度、损伤防护措施，又有良好的屏蔽作用。

电气柜与设备间的连接电缆、走线管、走线槽等必须使用安装螺钉、软管接头、管夹等部件进行良好的固定。

系统电气柜与设备间的连接应考虑到运输、拆卸等的需要，对于设备中的独立附件，应通过安装插接件、分线盒等措施，保证这些独立附件与主机间分离的需要。

综合评价

完成任务后，对照下表，查看这些能力点是否都掌握了，在相应的方框中打勾。

序　号	能　力　点	掌 握 情 况
1	主电路和控制电路导线的选择	□是　□否
2	变频器的布置合理、紧固	□是　□否
3	布线规范、整洁	□是　□否
4	工具的使用	□是　□否
5	确保人身和设备安全	□是　□否

思考与练习

1. 变频器与电源和电动机连接时要注意哪些事项？
2. 变频器的干扰途径有哪些？

任务3　变频器的故障诊断

变频器具有十分完善的保护功能，保证电动机、变频器在工作不正常或发生故障时，及时地做出处理，以确保拖动系统的安全。尽管新一代变频器的可靠性已经很高，但是如果使用、维护不当，仍可能发生故障或运行状况不佳，缩短设备的使用寿命。

任务描述

有一台变频器上电后显示正常，一运行即显示过流。[F0001]（MM4）[F002]（MM3）即使空载也一样，一般这种现象说明IGBT模块损坏或驱动板有问题，需更换IGBT模块并仔细检查驱动部分后才能再次上电，不然可能因为驱动板的问题造成IGBT模块再次损坏。

任务分析

经现场检查分析，这种故障是因为变频器多次过载或电源电压波动较大（特别是偏低）使得变频器脉动电流过大主控板CPU来不及反映并采取保护措施所造成的。

知识导航

变频器具有十分完善的保护功能，保证电动机、变频器在工作不正常或发生故障时，及时地做出处理，以确保拖动系统的安全。各种不同类型的变频器所具有的保护功能不完全相同，这里将最常见的几种保护功能介绍如下：

一、过电流保护

这里的过电流是指变频器的输出电流峰值，超过了变频器的容许值。由于变频器的过载能力很差，大多数变频器的过载能力都只有150%，允许持续时间为1 min。因此，变频器的过电流保护，就显得尤为重要。

1. 过电流的原因

过电流的原因很多，大致可以分为以下两种：一种就是在加速、减速过程中，由于加、减速时间设置过短而产生的过电流；另一种是在恒速运行时，由于负载或变频器的工作异常而引起的过电流。例如，电动机遇到了冲击，变频器输出短路等。

2. 变频器对过电流的处理

在大多数的拖动系统中，由于负载的变动，短时间的过电流是不可避免的。为了避免频繁跳闸给生产带来不便，一般的变频器都设置了失速防止功能（即防止跳闸功能），只有在该功能不能消除过电流或过电流峰值过大时，变频器才会跳闸，停止输出。

3. 失速防止功能

用户根据电动机的额定电流 I_N 和负载的情况，给定一个电流限值 I_{set}，（通常该电流给定为150% I_N）。

如果过电流发生在加、减速过程中，当电流超过 I_{set} 时，变频器暂停加、减速（即维持 f_x 不变），待过电流消失后再行加、减速，如图5-23所示。

如果过电流发生在恒速运行，变频器会适当降低其输出频率，待过电流消失后再使输出频率返回原来的值，如图5-24所示。

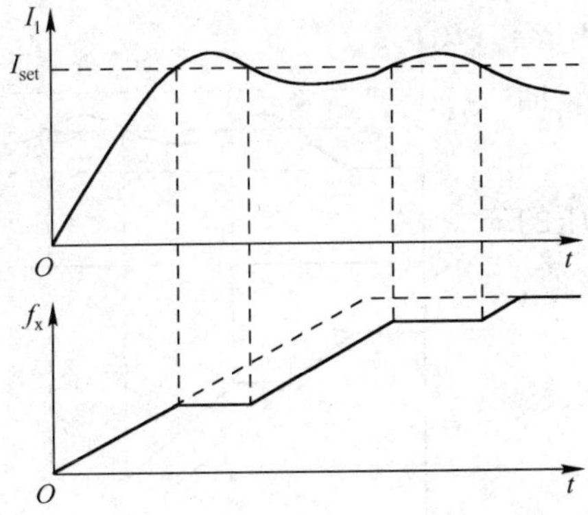

图5-23　加速时的失速防止

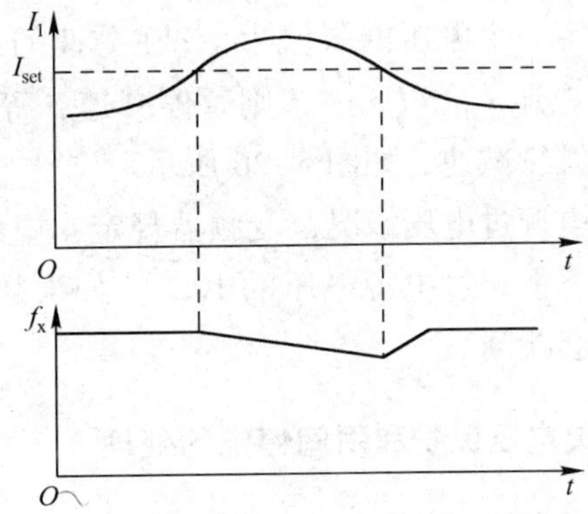

图5-24　恒速时的失速防止

二、对电动机的过载保护

在传统的电力系统中，通常采用热继电器对电动机进行过载保护。热继电器具有反时限特性，即电动机的过载电流越大，电动机的升温增加越快，允许电动机持续运行的时间就越短，继电器的跳闸也越快。

采用微处理器作为变频器的主控单元，可以很方便地实现热继电器的反时限特性。通过检测变频器的输出电流，并和存储单元中的保护特性进行比较。当变频器的输出电流大于过载保护电流时，微处理器将按照反时限特性进行计算，算出允许电流持续时间 t。如果在此时间内过载情况消失，变频器工作依然是正常的，但若超过此时间过载电流依然存在，则变频器将跳闸，停止输出，如图 5-25 所示。使用变频器的该功能，只适用于一个变频器带动一台电动机。

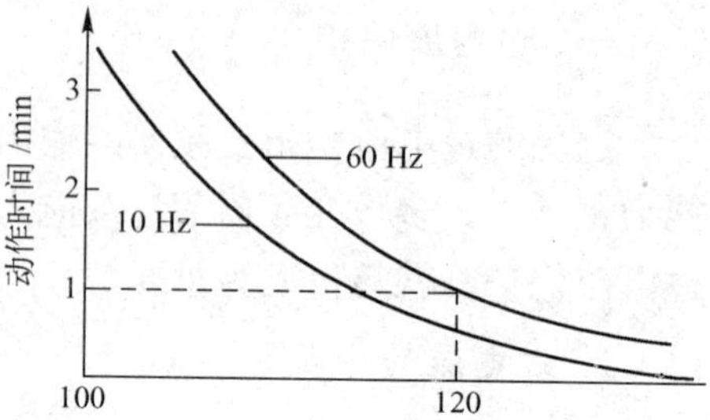

图 5-25　电动机的反时限保护特性

如果一个变频器带有多台电动机，则由于电动机的容量比变频器小得多，变频器将无法对电动机的过载进行保护，通常在每个电动机上再加装一个热继电器。

图 5-25 中横坐标是热继电器的过载倍数（负荷率），过载 1.2 倍时，允许持续时间是 1 min，也就是说超过 1 min，变频器将会跳闸。

三、过电压保护

1. 产生过电压的原因

产生过电压的原因大致可分为两大类：一类是在减速制动过程中，由于电动机处于再生制动状态，若减速时间设置得太短，因再生能量来不及释放，引起变频器中间电路的直流电压升高而产生的过电压；另一类是由于电源系统的浪涌电压引起的过电压。

2. 过电压时的保护

对于在减速过程中出现的过电压，也可以采用暂缓减速的方式来防止变频器跳闸。可以由用户给定一个电压的限值 U_{set}，在减速的过程中若出现直流电压 $U_D > U_{set}$ 时，则暂停减速，等待 U_D 回落后，再继续减速，如图 5-26 所示。

对于电源过电压情况，变频器规定：电源电压的上限一般不能超过电源电压的 10%。如果超过该值，变频器将会跳闸。

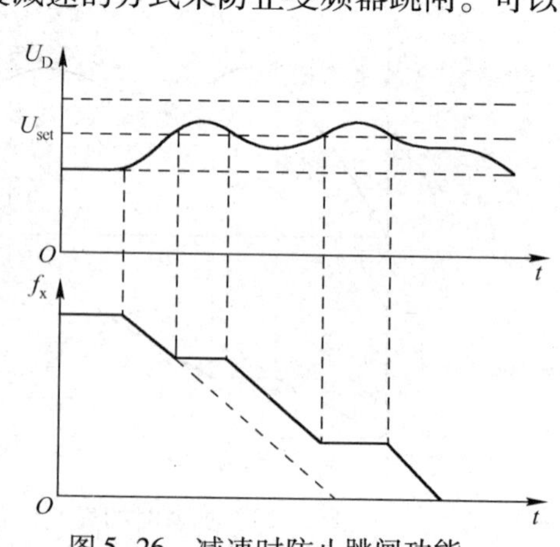

图 5-26　减速时防止跳闸功能

四、欠电压保护和瞬间停电的处理

当电网电压过低时，会引起变频器中间直流电路的电压下降，从而使变频器的输出电压过低并造成电动机输出转矩不足和过热现象。而欠电压保护的作用，就是在变频器的直流电路出现欠电压时，使变频器停止输出。

当电源出现瞬间停电时，直流中间电路的电压也将下降，并可能出现欠压现象。为了使系统在出现这种情况时，仍然继续正常工作而不停车，现代的变频器大部分都提供了瞬时停电再启动功能，这个功能可根据下面几种情况进行不同的处理。

① 停电时间小于 t_d 时，保护功能没能被激活，变频器继续输出。

② 停电时间若 $t_d < t_o < t_c$ 时，按瞬间停电再启动处理。

其中：

t_d：瞬间停电设置时间。

t_c：惯性运行时间设置值。

五、其他保护功能

1. 散热片过热保护

变频器正常工作时，其主回路的电流是很大的，为了帮助变频器散热，在变频器内部均装有风扇。如果风扇发生故障，散热片就会过热，此时装在散热片上的热敏继电器将动作，使变频器停止工作或给出报警信号。

由于逆变模块是变频器内的主要发热元件，因此在逆变模块的散热板上也配置了过热保护元件，一旦过热就给予过热保护。

2. 制动电路异常保护

当变频器检测到制动单元晶体管出现异常或者制动电阻过热时，就会给出报警信号，并使变频器停止工作。

3. 变频器内部工作错误保护

由于变频器所处的环境恶劣，使变频器的 CPU 或存储器 EEPROM 受外界干扰严重而发生非正常运行。或者是检测部分发生错误，变频器也将停止输出。

4. 外部报警输出功能

该功能是为了使变频器能够和周边设备配合构成可靠的系统而设置的，周边设备的故障报警信号可以通过变频器的控制端子输入，当周边设备出现故障时，给出报警信号，变频器将停止工作。这些周边设备主要有：电动机的热继电器和来自生产机械的保护信号等。

任务实施

变频器的故障诊断：当变频器发生故障时，可以根据不同情况，按照步骤进行检查。

一、变频器不能正常启动与旋转

当变频器无报警但是不能正常启动与旋转时，需要进行主回路、输入控制信号、变频器参数与机械传动部件等方面的综合检查。

1. 主回路检查

主回路检查包括如下内容：

① 检查电源电压是否已经正常加入到变频器；

② 检查电动机电枢线是否已经正确连接；

③ 检查直流母线连接是否脱落等。

2. 控制信号检查

控制信号检查包括如下内容：

① 检查变频器的源、汇点输入选择设置是否正确；

② 检查转向信号 STR/STF 是否为“1”（STR/STF 同时为“1”时电动机不能旋转）；

③ 检查变频器的 STOP 信号是否为“1”；

④ 检查频率给定是否为“0”，极性是否连接正确；当使用模拟电流输入时，还需要检查信号 AU 是否为“1”；

⑤ 检查变频器输出关闭信号 MRS 是否为“0”；

⑥ 检查变频器复位信号是否为“0”；

⑦ 检查断电再启动信号 CS 是否为“1”；

⑧ 检查编码器是否连接正确（闭环控制运行时）等。

3. 参数检查

参数检查包括如下内容：

① 检查转矩提升参数 Pr. 0 的设置是否正确（u/f 控制时）；

② 检查参数 Pr. 79 的操作模式是否选择正确；

③ 检查参数 Pr. 78 的转向禁止设置是否正确；

④ 检查参数 Pr. 13 的启动频率设置是否过大；

⑤ 检查参数 Pr. 1 的上限频率设置是否为“0”；

⑥ 检查多速运行的运行频率设置是否正确（多速运行方式）；

⑦ 检查参数 Pr. 15 的点动频率设置是否正确（点动运行时）；

⑧ 检查参数 Pr. 359 的编码器计数方向设置是否正确（闭环控制运行时）；

⑨ 检查参数 Pr. 902 ~ Pr. 905 的增益与偏置设置是否正确等。

4. 机械传动部件检查

机械传动部件包括如下内容：

① 检查负载是否太重；

② 检查机械制动装置是否已经松开；

③ 检查机械传动部件是否可以灵活转动；

④ 检查机械连接件是否脱落等。

二、电动机噪声过大

电动机运行时的噪声与以下因素有关：

① PWM 频率不合适，可以通过 Pr. 72 选择柔性 PWM 频率控制功能；

② 速度调节器增益设置过大，调整参数 Pr. 820/830、Pr. 824/834 降低速度调节器比率增益；

③ 参数 Pr. 71 的电动机类型选择不合理等。

三、电动机电流过大、发热严重

电动机发热与以下因素有关：

① 电动机负载过重或散热不良；

② 电动机额定电流、额定电流参数设置错误；

③ 参数 Pr. 71 的电动机类型选择不合理；

④ 参数 Pr. 14 的负载类型选择不合理；

⑤ 转矩提升参数 Pr. 0 设置过大；

⑥ 电动机未进行自动调整；

⑦ 电动机内部局部短路；

⑧ 电动机额定频率（参数 Pr. 3）、额定电压（参数 Pr. 19）设置错误等。

四、速度偏差过大或不能调速

如果在电动机启动后出现速度偏差过大或速度不能改变的情况，可以按照如下步骤进行相关检查。

① 检查频率给定输入或设置是否正确；

② 检查变频器操作模式选择是否正确（如是否工作于 JOG 模式、多级变速模式等）；

③ 检查开关量输入控制信号是否正确（如是否将转向信号、停止信号定义成了 JOG 模式、多级变速模式的输入信号等）；

④ 检查上限频率（参数 Pr. 1、参数 Pr. 18）、下限频率（参数 Pr. 2）、额定电压（参数 Pr. 19）的设置是否正确；

⑤ 检查模拟量输入增益、偏移设置参数 Pr. 902 ~ Pr. 905 的增益与偏置设置是否正确；

⑥ 检查负载是否过重；

⑦ 检查频率跳变区域的设置（参数 Pr. 31 ~ Pr. 36）是否合适，变频器是否已经工作在跳变区；

⑧ 检查制动电阻与直流母线的连接（P/ +、P1 等）是否正确等。

五、加减速不稳定

当电动机出现加减速不稳定时，可能的原因如下：

① 加减速时间设置（参数 Pr. 7、Pr. 8）不合理；

② 在 u/f 控制时，转矩提升设置（参数 Pr. 0、Pr. 46、Pr. 112）不合理；

③ 负载过重等。

六、转速不稳定

当电动机出现转速不稳定时（如果采用矢量控制，变频器的输出频率在 2 Hz 之内的波动属正常现象），可能的原因如下：

① 负载变化过于频繁；
② 频率给定输入波动或受到干扰；
③ 给定滤波时间常数设置不合适（参数 Pr. 74、Pr. 822）；
④ 接地系统与屏蔽线连接不良或给定输入未使用屏蔽线；
⑤ 矢量控制时电动机极数（参数 Pr. 80）、容量（参数 Pr. 81）设置错误；
⑥ 变频器到电动机的电枢连接线过长或连接不良；
⑦ 矢量控制时未进行电动机的自动调整；
⑧ *u/f* 控制方式的电动机额定电压（参数 Pr. 19）设置错误等。

综合评价

完成任务后，对照下表，查看这些能力点是否都掌握了，在相应的方框中打勾。

序　号	能　力　点	掌握情况
1	故障现象的判断	□是　□否
2	故障的处理	□是　□否
3	参数的修改	□是　□否

思考与练习

1. 若变频器拖动的负载为笼形电动机，选择变频器时应考虑哪些问题？
2. 变频器出故障时如何处理？

项 目 实 训

实训　变频器应用能力测试

一、实训目标

① 提高编写 PLC 程序的能力。
② 提高对变频器操作的能力。
③ 进一步掌握变频器、PLC、电动机等设备之间的线路连接。
④ 掌握变频器调速系统联机调试方法。

二、实训器材

① 三菱交流变频调速器（FR－A540带有FR－DU04操作面板）1台；
② 变频调速系统实验电气控制箱1台；
③ 三相笼形异步电动机1台；
④ 电工工具1套；
⑤ 连接导线若干；
⑥ 万用表。

三、实训步骤

① 工业变频洗衣机用变频器实现电动机的开环变频调速，要求电动机按照图5-27所示的运行曲线运行。

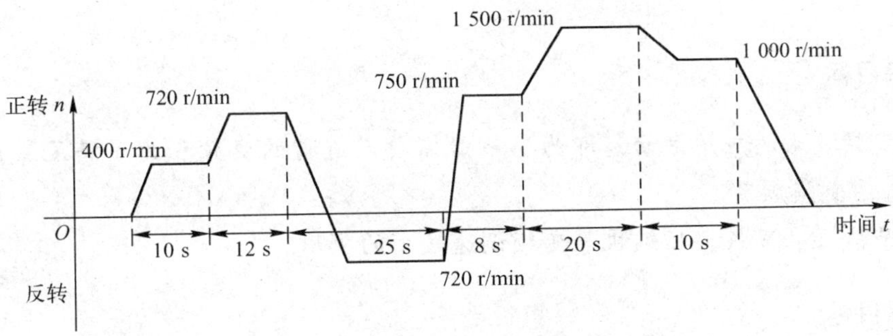

图5-27　电动机运行曲线

② 根据工业变频洗衣机控制要求，列出输入/输出元件与PLC地址对照表，编写梯形图。
③ 根据速度控制要求（见图5-27）和电动机参数设置变频器的功能代码。
④ 对开环系统进行模拟调试直至符合设计要求。
⑤ 按Enter键确认参数码。

四、能力评价

完成任务后，对照下表，对每个学生进行项目考核。

序　号	考核项目	掌握情况
1	PLC的输入/输出是否符合被控设备要求	□是　□否
2	PLC与变频器、电动机之间电路连接	□是　□否
3	编写的PLC程序是否正确	□是　□否
4	设置变频器的功能代码及参数设置	□是　□否
5	对开环系统模拟调速是否达到设计要求	□是　□否

项目6 变频器的工程应用

变频调速技术是20世纪80年代发展起来的新技术，具有节能、易操作、便于维护、控制精度等优点，近年来在多个领域得到了广泛应用。本项目以恒压供水、风机的变频调速、变频器在中央空调节能改造中的应用、变频器在车床的变频调速几个应用实例介绍实际生活中如何应用变频器的。

学习目标

一、知识目标

① 了解变频技术的应用方面，即为了节能需要而进行的变频和为了满足生产工艺调速的要求而进行的变频应用。

② 了解节能泵、风机、压缩机等变频调速技术的应用。

二、技能目标

① 熟悉变频器在工业生产中的应用技术。

② 掌握变频调速技术应用的分析方法。

任务1 变频器在供水系统节能中的应用

任务描述

某居民小区共有10栋楼，均为7层建筑，总居住560户，每户都有给水卫生器具，并有淋浴设备。为了能够保证用户出水口压力稳定，试设计恒压供水变频调速系统。

任务分析

在实际生产、生活中，用户用水的多少是经常变动的，因此，供水不足或供水过剩的情况时有发生。而用水和供水之间的不平衡集中反映在供水的压力上，即用水多而供水少，则压力低；用水少而供水多，则压力高。保持供水压力的恒定，可使供水和用水之间保持平衡，即用水多时供水也多，用水少时供水也少，从而提高了供水的质量。

城市自来水管网的水压一般规定保证6层以下楼房的用水，其余上部各层均须“提升”水压才能满足用水要求。传统的恒压供水方式是采用水塔、高位水箱、气压罐等设施实现的，但它们都必须由水泵以高出实际用水高度的压力来“提升”水量，其结果增大了水泵的轴功率和能耗。

利用变频调速技术，与PID控制、PLC控制、单片机控制有机结合，构成变频器控制的恒压供水系统，根据用户用水量调节水泵转速从而调节供水流量，实现恒压供水。

知识导航

我国长期以来在城市供水、高层建筑供水、工业生产循环供水等方面技术一直比较落后，工业自动化程度低。传统调节供水压力的方式，多采用频繁启/停电动机控制和水塔二次供水调节的方式，前者产生大量能耗，而且对电网中其他负荷造成影响，设备不断启停会影响设备寿命；后者则需要大量的占地与投资。而变频调速式的运行十分稳定可靠，没有频繁的启动现象，启动方式为软启动，设备运行十分平稳，避免了电气、机械冲击，也没有水塔供水所带来的二次污染的危险。由此可见，变频调速恒压供水系统具有供水安全、节约能源、节省钢材、节省占地、节省投资、调节能力大、运行稳定可靠的优势，具有广阔的应用前景和明显的经济效益与社会效益。

一、恒压供水的意义

对供水系统进行的控制，是为了满足用户对流量的需求。所以，流量是供水系统的基本控制对象。而如上述，流量的大小又取决于扬程，但扬程难以进行具体测量和控制。在动态情况下，管道中水压的大小与供水能力和用水流量之间的平衡情况有关：

① 供水能力 $Q_G >$ 用水流量 Q_U，则压力上升；

② 供水能力 $Q_G <$ 用水流量 Q_U，则压力下降；

③ 供水能力 $Q_G =$ 用水流量 Q_U，则压力不变。

这里所说的供水能力，是指水泵能够提供的流量，故用流量符号 Q_G 来表示，其大小取决于水泵的泵水能力及管道的管阻情况；而用水流量 Q_U 则是用户实际使用的流量，取决于用户。由于在同一个管道里，流量具有连续性，并不存在“供水流量”与“用水流量”的差别。因此，供水能力与用水流量之间的差异具体反映在流体压力的变化上。从而，压力就成为了用来作为控制流量大小的参变量。就是说，保持供水系统中某处压力的恒定，也就保证了使该处的供水能力和用水流量处于平衡状态，恰到好处地满足了用户所需的用水流量，这就是恒压供水所要达到的目的。

二、变频节能原理

1. 交流电动机转速特性

水泵电动机多采用三相异步电动机，而其转速公式为：

$$n = \frac{60f}{p}(1-s) \tag{6-1}$$

式中：

f：电源频率。

p：电动机极对数。

s：转差率。

从式（6-1）可知，三相异步电动机的调速方法有：① 改变电源频率。② 改变电动机极对数。③ 改变转差率。

改变电动机极对数调速的调控方式控制简单，投资省，节能效果显著，效率高，但需要专门的变极电动机，是有级调速，而且级差比较大，即变速时转速变化较大，转矩也变化大，因此只适用于特定转速的生产机器。改变转差率调速为了保证其较大的调速范围一般采用串级调速的方式，其最大优点是它可以回收转差功率，节能效果好，且调速性能也好。但由于线路过于复杂，增加了中间环节的电能损耗，且成本高而影响它的推广价值。下面重点分析改变电源频率调速的方法及特点。

根据公式可知，当转差率变化不大时，异步电动机的转速 n 基本上与电源频率 f 成正比。连续调节电源频率，就可以平滑地改变电动机的转速。但是，单一地调节电源频率，将导致电动机运行性能恶化。随着电力电子技术的发展，已出现了各种性能良好、工作可靠的变频调速电源装置，它们促进了变频调速的广泛应用。

2. 节能分析

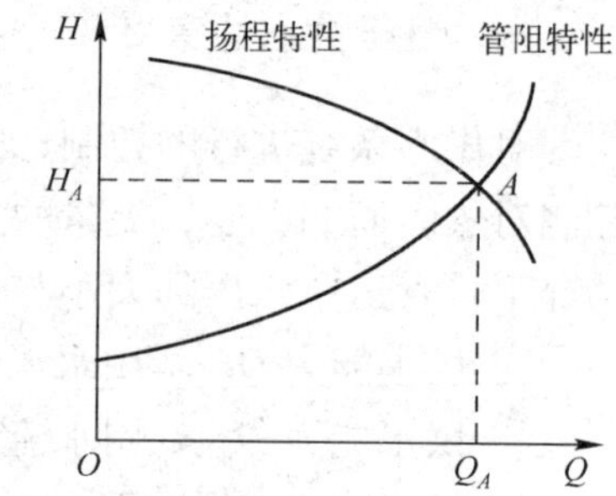

图 6-1　恒压供水系统的基本特征

供水系统的扬程特性是以供水系统管路中的阀门开度不变为前提，表明水泵在某一转速下扬程 H 与流量 Q 之间的关系曲线，如图 6-1 所示。由于在阀门开度和水泵转速都不变的情况下，流量的大小主要取决于用户的用水情况，因此，扬程特性所反映的是扬程 H 与用水流量 Q_u 间的关系 $H=f(Q_u)$。而管阻特性是以水泵的转速不变为前提，表明阀门在某一开度下扬程 H 与流量 Q 之间的关系曲线。管阻特性反映了水泵的能量用来克服泵系统的水位及压力差、液体在管道中流动阻力的变化规律。由于阀门开度的改变，实际上是改变了在某一扬程下，供水系统向用户的供水能力。因此，管阻特性所反映的是扬程与供水流量 Q_c 之间的关系 $H=f(Q_c)$。扬程特性曲线和管阻特性曲线的交点，称为供水系统的工作点，如图 6-1 中的 A 点。在这一点，用户的用水流量 Q_u 和供水系统的供水流量 Q_c 处于平衡状态，供水系统既满足了扬程特性，也符合了管阻特性，系统稳定运行。

变频恒压供水系统的供水部分主要由水泵、电动机、管道和阀门等构成。通常由异步电动机驱动水泵旋转来供水，并且把电动机和水泵做成一体，通过变频器调节异步电动机的转速，从而改变水泵的出水流量而实现恒压供水的。因此，供水系统变频的实质是异步电动机的变频调速。异步电动机的变频调速是通过改变定子供电频率来改变同步转速而实现调速的。

在供水系统中，通常以流量为控制目的，常用的控制方法为阀门控制法和转速控制法。阀门控制法是通过调节阀门开度来调节流量，水泵电动机转速保持不变。其实质是通过改变水路中的阻力大小来改变流量，因此，管阻将随阀门开度的改变而改变，但扬程特性不变。由于实际用水中，需水量是变化的，若阀门开度在一段时间内保持不变，必然要造成超压或欠压现象的出现。转速控制法是通过改变水泵电动机的转速来调节流量，而阀门开度保持不变，是通过改变水的动能改变流量。因此，扬程特性将随水泵转速的改变而改变，但管阻特性不变。变频调速供水方式属于转速控制。其工作原理是根据用户用水量的变化自动地调整水泵电动机的转速，使管网压力始终保持恒定。当用水量增大时电动机加速，用水量减小时电动机减速。

由流体力学可知，水泵给管网供水时，水泵的输出功率 P（式6-2）与管网的水压 H 及出水流量 Q 的乘积成正比；水泵的转速 n（式6-3）与出水流量 Q 成正比；管网的水压 H（式6-4）与出水流量 Q 的平方成正比。由上述关系有：水泵的输出功率 P（式6-5）与转速 n 的3次方成正比，即

$$P = k_1 HQ \tag{6-2}$$

$$n = k_2 Q \tag{6-3}$$

$$H = k_3 Q^2 \tag{6-4}$$

$$P = kn^3 \tag{6-5}$$

式中：

k、k_1、k_2、k_3：为比例常数。

由图6-2管网及水泵的运行特性曲线可知，当用阀门控制时，若供水量高峰水泵工作在 E 点，流量为 Q_1，扬程为 H_0，当供水量从 Q_1 减小到 Q_2 时，必须关小阀门，这时阀门的摩擦阻力变大，阻力曲线从 b_3 移到 b_1，扬程特性曲线不变。而扬程则从 H_0 上升到 H_1，运行工况点从 E 点移到 F 点，此时水泵的输出功率正比于 H_1Q_2。当用调速控制时，若采用恒压（H_0），变速泵（n_2）供水，管阻特性曲线为 b_2，扬程特性变为曲线 n_2，工作点从 E 点移到 D 点。此时水泵输出功率正比于 H_0Q_2，由于 $H_1 > H_0$，所以当用阀门控制流量时，有正比于 $(H_1 - H_0)Q_2$ 的功率被浪费掉，并且随着阀门的不断关小，阀门的摩擦阻力不断变大，管阻特性曲线上移，运行工况点也随之上移，于是 H_1 增大，而被浪费的功率要随之增加。所以，调速控制方式要比阀门控制方式供水功率要小得多，节能效果显著。

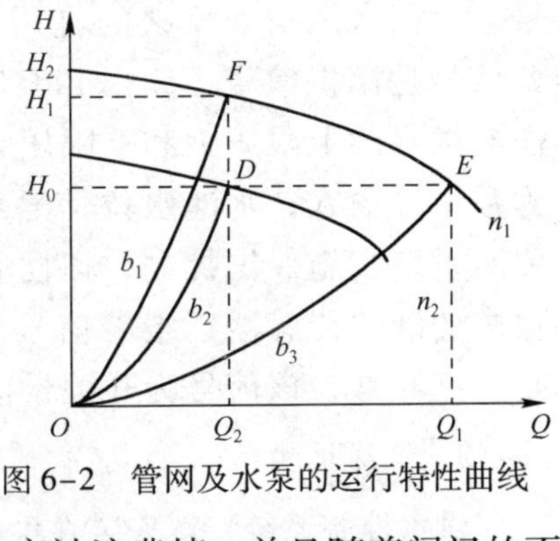

图6-2　管网及水泵的运行特性曲线

三、变频恒压供水系统的组成及原理图

PLC控制变频恒压供水系统主要有变频器、可编程控制器、压力变送器和现场的水泵机组一起组成一个完整的闭环调节系统，该系统的控制流程图如图6-3所示。

从图6-3中可看出，系统可分为：执行机构、信号检测机构、控制机构三大部分，具体为：

1. 执行机构

执行机构是由一组水泵组成，它们用于将水供入用户管网，其中由一台变频泵和两台工频泵构成，变频泵是由变频调速器控制、可以进行变频调整的水泵，用于根据用水量的变化

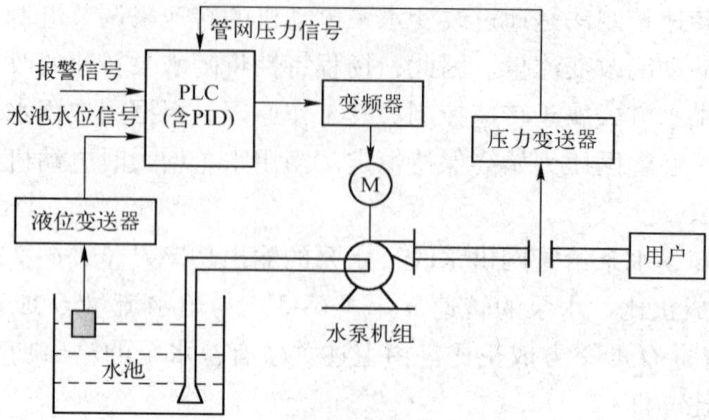

图 6-3　变频恒压供水系统控制流程图

改变电动机的转速，以维持管网的水压恒定；工频泵只运行于启、停两种工作状态，用于在用水量很大（变频泵达到工频运行状态都无法满足用水要求时）的情况下投入工作。

2. 信号检测机构

在系统控制过程中，需要检测的信号包括管网水压信号、水池水位信号和报警信号。管网水压信号反映的是用户管网的水压值，它是恒压供水控制的主要反馈信号。此信号是模拟信号，读入 PLC 时，需进行 A/D 转换。另外，为加强系统的可靠性，还需对供水的上限压力和下限压力用电接点压力表进行检测，检测结果可以送给 PLC，作为数字量输入；水池水位信号反映水泵的进水水源是否充足。信号有效时，控制系统要对系统实施保护控制，以防止水泵空抽而损坏电动机和水泵。此信号来自安装于水池中的液位传感器；报警信号反映系统是否正常运行，水泵电动机是否过载、变频器是否有异常，该信号为开关量信号。

3. 控制机构

供水控制系统一般安装在供水控制柜中，包括供水控制器（PLC 系统）、变频器和电控设备 3 个部分。供水控制器是整个变频恒压供水控制系统的核心。供水控制器直接对系统中的压力、液位、报警信号进行采集，对来自人机接口和通信接口的数据信息进行分析、实施控制算法，得出对执行机构的控制方案，通过变频调速器和接触器对执行机构（即水泵机组）进行控制；变频器是对水泵进行转速控制的单元，其跟踪供水控制器送来的控制信号改变调速泵的运行频率，完成对调速泵的转速控制。

根据水泵机组中水泵被变频器拖动的情况不同，变频器有两种工作方式，即变频循环式和变频固定式，变频循环式即变频器拖动某一台水泵作为调速泵，当这台水泵运行在 50 Hz 时，其供水量仍不能达到用水要求，需要增加水泵机组时，系统先将变频器从该水泵电动机中脱出，将该泵切换为工频的同时用变频去拖动另一台水泵电动机；变频固定式是变频器拖动某一台水泵作为调速泵，当这台水泵运行在 50 Hz 时，其供水量仍不能达到用水要求，需要增加水泵机组时，系统直接启动另一台恒速水泵，变频器不做切换，变频器固定拖动的水泵在系统运行前可以选择。

变频恒压供水系统以供水出口管网水压为控制目标，在控制上实现出口总管网的实际供水压力跟随设置的供水压力。设置的供水压力可以是一个常数，也可以是一个时间分段函数，在每一个时段内是一个常数。所以，在某个特定时段内，恒压控制的目标就是使出口总管网的实际供水压力维持在设置的供水压力上。变频恒压供水系统的结构框图如图6-4所示。

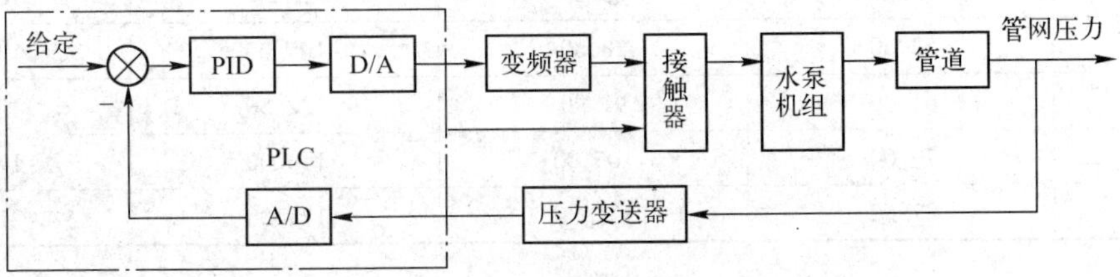

图6-4 变频恒压供水系统框图

恒压供水系统通过安装在用户供水管道上的压力变送器实时地测量参考点的水压，检测管网出水压力，并将其转换为4~20 mA的电信号，此检测信号是实现恒压供水的关键参数。由于电信号为模拟量，故必须通过PLC的A/D转换模块才能读入并与设置值进行比较，将比较后的偏差值进行PID运算，再将运算后的数字信号通过D/A转换模块转换成模拟信号作为变频器的输入信号，控制变频器的输出频率，从而控制电动机的转速，进而控制水泵的供水流量，最终使用户供水管道上的压力恒定，实现变频恒压供水。

四、供水设备的选择原则

在做供水系统时，应先选择水泵和电动机，选择依据是供水规模（供水流量）。而供水规模和住宅类型以及用户数有关。

1. 不同住宅类型的用水标准

不同住宅类型的用水标准，根据《城市居民生活用水标准》GB/T 50331—2002，节录如表6-1所示。

表6-1 不同住宅类型的用水标准

住宅类型	给水卫生器具完善程度	用水标准/[m³/(人·日)]	小时变化系数
1	仅有给水龙头	0.04~0.08	2.5~2.0
2	有给水卫生器具，但无淋浴设备	0.085~0.13	2.5~2.0
3	有给水卫生器具和淋浴设备	0.13~0.19	2.5~1.8
4	有给水卫生器具无淋浴设备但有集中热水供应	0.17~0.25	2.0~1.6

2. 供水规模换算表

不同住宅类型的用水标准，根据《城市居民生活用水标准》GB/T 50331—2002，节录如表6-2所示。上面一行为用水标准[m^3/(人·日)]，中间数据为用水规模（m^3/h）。

表 6-2 供水规模换算表

户数	用水标准/[m^3/(人·日)]			
	0.10	0.15	0.20	0.25
450	39.40	59.00	78.70	98.40
500	43.80	65.60	87.50	109.40
600	52.50	78.80	105.00	131.30
700	61.30	91.90	122.50	153.10
800	70.00	105.00	140.00	175.00
1000	87.50	131.30	175.00	218.80

3. 对电动机进行选型

根据供水量和高度确定水泵型号和台数，并对电动机进行选型，如表 6-3 所示。

表 6-3 水泵、电动机和变频器选型表

用水量/(m^3/h)	扬程/m	水泵型号	电动机功率/kW	配用变频器/kW
$50 \times N$	40	80LG50－20×2	11	11
	60	80LG50－20×3	15	15
	80	80LG50－20×4	18.5	18.5
	100	80LG50－20×5	22	22
	120	80LG50－20×6	30	30
$100 \times N$	40	100DL2	18.5	18.5
	60	100DL3	30	30
	80	100DL4	37	37
	100	100DL5	45	45
	120	100DL6	55	55

注：N 为水泵台数。

4. 设置供水压力经验数据

平方供水压力 $P=0.12$ MPa；楼房供水压力 $P=(0.08+0.04\times$楼层数$)$MPa。

5. 系统设计还应遵循以下原则

① 蓄水池容量应大于每小时最大供水量；

② 水泵扬程应大于实际供水高度；

③ 水泵流量总和应大于实际最大供水量。

任务实施

一、设备选用

① 根据表 6-1，确定用水量标准为 0.19 m^3/(人·日)。

② 根据表6-2，确定每小时最大用水量为105 m^3/h。

③ 根据7层楼高度可确定设置供水压力值为0.36 MPa。

④ 根据表6-3，确定水泵型号为65LG36 - 20 × 2共3台，水泵自带电动机功率为7.5 kW。

⑤ 变频器的选型与控制方式。因为水泵也属于二次方律负载，因此变频器的类型可选 u/f 控制方式三菱FR - A540的变频器，容量为7.5 kW，其变频器的 u/f 线可选"负补偿"程度较轻的曲线，如图6-5中的02曲线。

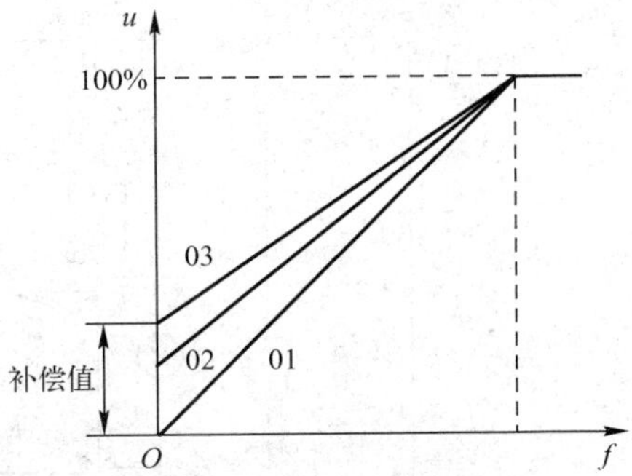

图6-5　变频器的 u/f 控制线

二、电路原理图设计

根据要求，小区恒压供水系统电路原理图如图6-6所示。

1. 主电路

该装置主电路采用变频常用泵和工频备用泵自动与手动双重运行模式。由于管道设计采取了易分解结构，各泵可以独立运行、检修。两台水泵中一台变频运行，当用户用水量增加、变频调速达到上限值时，自动切换到工频备用泵运行，原变频常用泵继续以较低频率运行，以满足用户用水量的需要。图中M2为主泵电动机，M1为备用泵电动机，QF1、QF2、QF3为低压断路器，KM1为接触器，FR1为热继电器。

2. 控制电路

控制电路由三菱FR - A540变频器和外围继电器控制电路组成。

① 控制电路可以实现变频、工频、一用一备自动与手动转换控制运行，通过内置的频率信号变化范围，设置开关量输出，控制主泵电动机和备用泵电动机之间的相互切换。

② 压力的目标值给定通过电位器RP1实现，水泵的压力范围为0～1 MPa，实际压力为0.36 MPa，因此压力的目标值用百分数表示应为36%。压力传感器SP的输出电流范围为4～20 mA，即水压为0时压力传感器SP输出4 mA，水压为1 MPa时压力传感器SP输出20 mA。

③ 利用变频器内置的PID控制，比较给定压力信号和反馈信号的大小，输出相应的0～5 V电压控制信号，自动控制水泵进行调速。

④ 控制系统的各控制参数可通过变频器的面板显示。

⑤ 具有短路、过电流、过载等保护功能。

3. 系统主要电器选择

（1）断路器QF2选择

断路器具有隔离、过电流及欠电压等保护功能，当变频器的输入侧发生短路或电源电压过低等故障时，可迅速进行保护。考虑变频器允许的过载能力为150%、1 min。所以，为了避免误动作，断路器QF2的额定电流 I_{QN} 应选

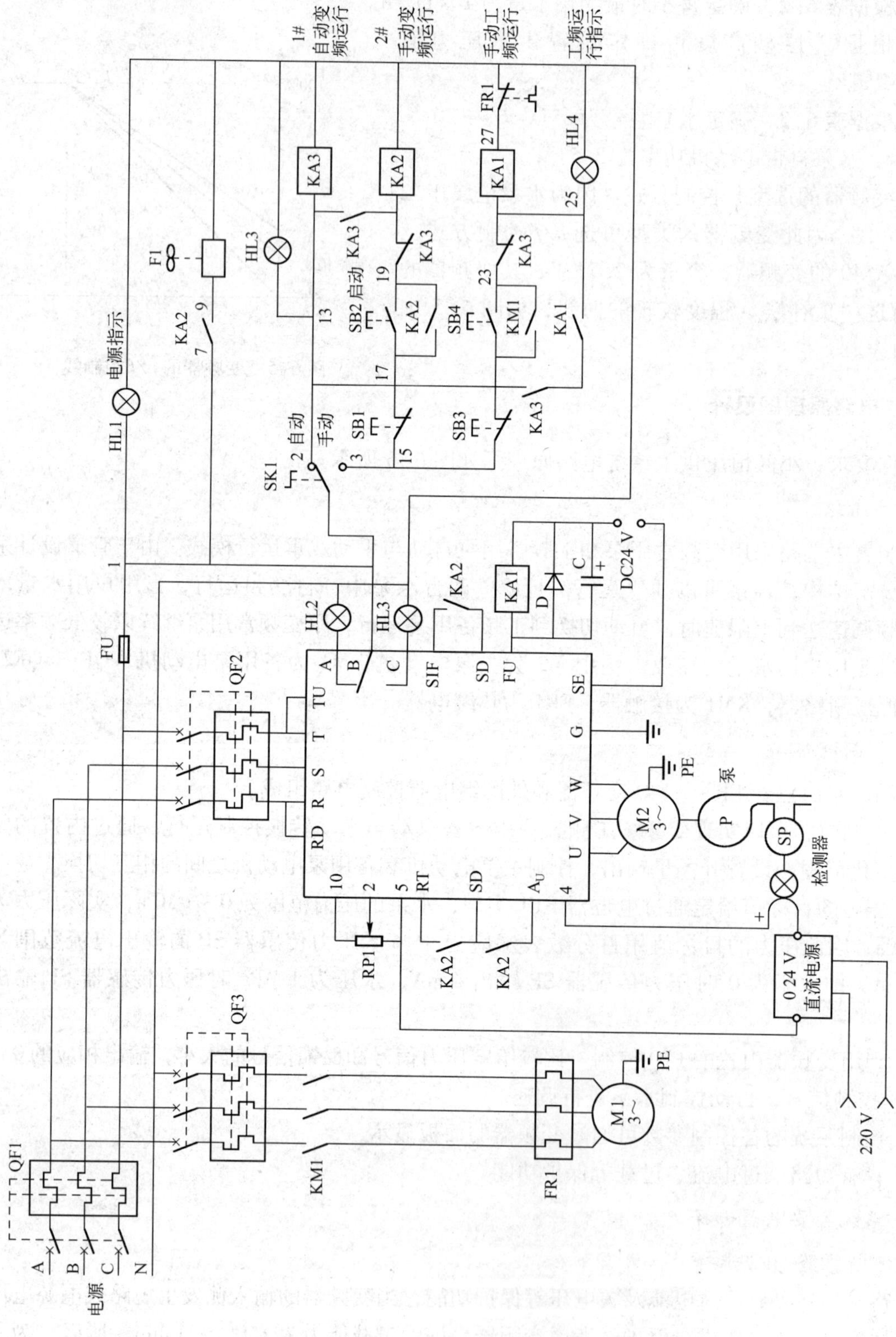

图6-6 恒压供水系统电路原理图

$$I_{QN} \geq (1.3 \sim 1.4) I_N = (1.3 \sim 1.4) \times 16.4\,A = 23\,A$$

QF2 选 30 A。

式中：I_N为变频器的输出电流，$I_N = 16.4$ A。

（2）断路器 QF1 选择

在电动机要求实现工频和变频切换驱动的电路中，断路器应按电动机在工频下的启动电流来考虑，断路器 QF_1的额定电流 I_{QN}应选

$$I_{QN} \geq 2.5 I_{MN} = 2.5 \times 13.6\,A = 34\,A$$

QF1 选 40 A。

式中：I_{MN}为电动机的额定电流，$I_{MN} = 13.6$ A。

（3）接触器 KM1 的选择

接触器的选择应考虑到电动机在工频下的启动情况，其触点电流通常可按电动机的额定电流再加大一个档次来选择，由于电动机的额定电流 $I_{MN} = 13.6$ A，所以接触器的触点电流选 20 A 即可。

4. 安装与配线注意事项

① 变频器的输入端 R、S、T 和输出端 U、V、W 是绝对不允许接错的，否则将引起两相间的短路而将逆变管迅速烧坏。

② 变频器都有一个接地端子 E，用户应将此端子与大地相接。当变频器和其他设备或多台变频器一起接地时，每台设备都必须分别和地线相接，不允许将一台设备的接地端和另一台设备的接地端相接后再接地。

③ 在进行变频器的控制端子接线时，务必与主动力线分离，也不要配置在同一配线管内，否则有可能产生误动作。

④ 压力设置信号线和来自压力传感器的反馈信号线必须采用屏蔽线，屏蔽线的屏蔽层与变频器的控制端子 ACM 连接；屏蔽线另一端的屏蔽层悬空。

三、变频器的功能参数设置

1. 变频器的基本功能参数预置

（1）最高频率

水泵属二次方律负载，变频器的工作频率是不允许超过额定频率的，其最高频率只能与额定频率相等，即$f_{max} = f_N =$ 50 Hz。

（2）上限频率

变频调速系统若在 50 Hz 运行时还不如直接在工频下运行好，所以可将上限频率预置为 49 Hz 或 49.5 Hz 是恰当的。

（3）下限频率

在供水系统中，转速过低，会出现水泵“空转”的现象，即水泵的全扬程小于实际扬程，所以通常情况下，下限频率应设置为 30 ~ 35 Hz。

（4）启动频率

水泵在启动前，其叶轮全部在水中，启动时，存在着一定的阻力。在从零开始启动时的

一段频率内，实际上转不起来，应适当预置启动频率，使其在启动瞬间有一点冲力，也可采用手动或自动转矩补偿功能。当启动电流为额定电流 15% 时，启动转矩可达额定转矩的 20% 左右，现场设置应视具体情况而定。

（5）升速与降速时间

对于水泵它不属于频繁地启动与制动的负载，其升、降速时间的长短并不涉及生产效率问题。因此，可将升、降时间预置得长一些，通常确定升降速时间的原则是，在启动过程中其最大启动电流接近或等于电动机的额定电流，升、降速时间相等即可。

（6）暂停（睡眠与苏醒）功能

在日常供水系统中，夜间的用水量常常是很少的，即使水泵在下限频率下运行，供水压力仍能超过目标值，这时，可使主水泵暂停运行。

2. 变频器的端子定义功能参数预置

变频器的端子定义功能参数如表 6-4 所示。

表 6-4　变频器的端子定义功能参数预置

参　数　号	作　　用	功　　能
Pr. 183 = 14	将 RT 端子设置为 PID 的功能	RT 端子功能选择
Pr. 184 = 4	反馈值为电流	电流输入选择
Pr. 192 = 16	从 IPF 端子输出正反转信号	IPF 端子功能选择
Pr. 193 = 14	从 OL 端子输出下限信号	OL 端子功能选择
Pr. 194 = 15	从 FU 端子输出上限信号	FU 端子功能选择

3. 变频器的 PID 运行参数预置如表 6-5 所示。

表 6-5　变频器的 PID 运行参数预置

参　数　号	作　　用	功　　能
Pr. 128 = 20	检测值从端子 4 输入	选择 PID 对压力信号的控制
Pr. 129 = 30	确定 PID 的比例调节范围	PID 的比例范围常数设置
Pr. 130 = 10	确定 PID 的积分时间	PID 的积分时间常数设置
Pr. 131 = 100%	设置上限调节值	上限值设置参数
Pr. 132 = 0%	设置下限调节值	下限值设置参数
Pr. 133 = 50%	外部操作时设置值由端子 2 ~ 5 间的电压确定，在 PU 或组合操作时控制值大小的设置	PU 操作下控制设置值的确定
Pr. 134 = 3 s	确定 PID 的微分时间	PID 的微分时间常数设置

4. PID 控制模拟调试

（1）手动模拟调试

在系统运行前，可以先将图 6-6 中的 SP 反馈拆除，用手动模拟方法对 PID 功能进行初步调试，PID 功能手动模拟调试如图 6-7 所示。

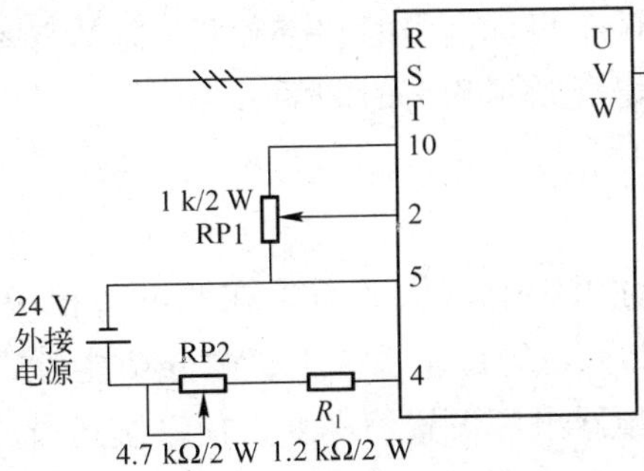

图6-7 PID功能手动模拟调试图

① 模拟量确定：设置Pr. 73 =5，使0～5 V/0～10 V选择为0～5 V输入，即模拟量电压0～5 V。0 V对应于设置输出值为0%；5 V对应于设置输出值为100%。

频率50～0 Hz控制运转频率范围，实际频率设置为30 Hz左右。

压力0～1 MPa，实际控制压力设置为0. 36 MPa。

② 给定电压范围是0～5 V，目标值设置为0. 36 MPa，对应的电压为1. 8 V，设置量为36%。

(2) 反馈信号确定

① 模拟量选择：电压外接0～24 V。

② 模拟电流信号范围：电流变化随RP2的阻值变化而变化，最小值为24 V/(4. 7 +1. 2) kΩ = 0. 0041 A，最大为24 V/1. 2 kΩ =0. 02 A；4 mA对应于传感器的输出值为0%，20 mA对应于传感器的输出值为100%。

(3) 执行量信号调整范围

选择的流量传感器型号为DG1300 - BZ - Z - 2 -2，量程为0～1 MPa，输出4～20 mA的模拟信号，流量传感器压力与输出电流的变化关系曲线如图6-8所示，对应的总电阻值变化关系如表6-6所示。

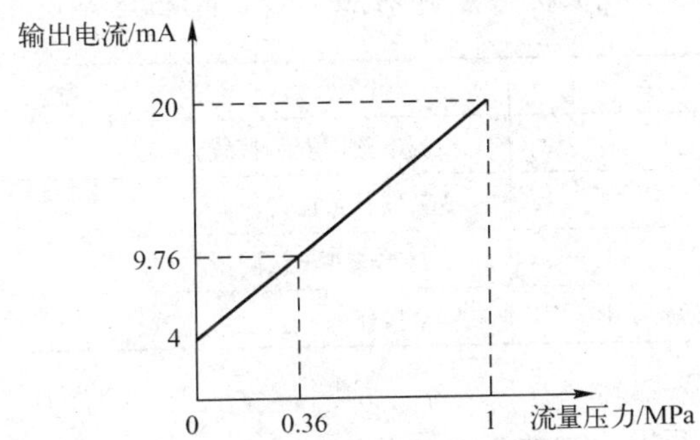

图6-8 流量传感器压力与输出电流的变化关系曲线

表6-6 流量传感器压力、电流对应的总电阻值变化关系

压力/MPa	百分数	输出电流/mA	对应的总阻值/kΩ
0	0%	4	5. 9
0. 36	36%	9. 76	2. 45
1	100%	20	12

将目标值预置为实际数值，即调节图6-7中RP1，将给定电压设置为1. 8 V左右，将一个手控的电压或电流信号（参见图6-7中调节RP2电阻值为2. 45 kΩ左右）接至变频器的反馈信号输入端子4。

缓慢地调节反馈信号，当反馈信号超过目标信号时，变频器的输入频率将不断上升，直至最高频率；反之，当反馈信号低于目标信号时，变频器的输入频率将不断下降，直至频率为下限或0 Hz，上升或下降的快慢反映了积分时间的大小。

四、系统调试

由于PID的取值与系统的惯性大小有很大关系，在调试过程中，首先将微分功能D调为0，即无微分控制。在许多要求不高的控制系统中，微分功能可以不用，将比例放大和积分时间可设置较大一点或保持变频器出厂设置值不变，使系统运行起来，观察其工作情况。

如果在压力下降或上升后难以恢复，说明反应太慢，则应加大比例增益 K_P，修正Pr. 129参数，直至比较满意为止。在增大 K_p后，反应虽然快了，却容易在目标值附近波动，说明系统有振荡，应该加大积分时间（即修正Pr. 130参数），直至不振荡为止。

总之，在调试过程中反应太慢应增大 K_P，或减小积分时间；在发生振荡时，应调小 K_p 或加大积分时间，最后调整微分时间，使D微微增大，使过程控制更加稳定。至此调试结束。

综合评价

完成任务后，对照下表，查看这些能力点是否都掌握了，在相应的方框中打勾。

序　号	能　力　点	掌握情况
1	根据电路图安装接线	□是　□否
2	变频器参数设置	□是　□否
3	系统调试并记录测量	□是　□否
4	安全操作	□是　□否

思考与练习

1. 变频恒压供水与传统的水塔供水相比，具有什么优点？
2. 如何选择变频恒压供水的水泵和变频器？
3. 恒压供水系统中变频器需要设置哪些参数？

任务2　变频器在风机上的应用

任务描述

某锅炉风机系统有引风机一台，采用变频调速，整个系统由变频器和压力变送器配合，实现炉膛保持稳定的微负压。其具体控制要求如下：

① 按设计要求鼓风机恒速运行，引风机由变频器调频驱动，实现炉膛负压的调节。

② 当炉膛负压高于上限压力时，变频器调高输出频率，加速引风机运行速度，迫使炉

膛压力下调；当炉膛负压低于下限压力时，变频器调低输出频率，减小引风机运行速度，使炉膛压力上升。

③ 参考指针式压力表的实际压力，炉膛压力目标值通过调节变频器操作面板上的（▲▼）键来设置；PID 反馈信号由压力变送器检测。

④ 通过变频器的 PID 调节功能，配合压力变送器检测的反馈信号，使炉膛负压保持恒定。

任务分析

通常，工业锅炉上的鼓风机、引风机、给水泵都是电动机以定速运转，再通过改变风机入口的挡板开度来调节风量，以及通过改变水泵出口管路上的调节阀开度来调节给水量。这种调节方式，不仅控制精度受到限制，而且还造成大量的能源浪费和设备损耗，进而导致生产成本增加，设备使用寿命缩短，设备维护、维修费用高居不下。而风机和水泵的最大特点是负载转矩与转速的平方成正比，轴功率与转速的立方成正比。因此，如将电动机的定速运转，改为根据需要的流量来调节电动机的转速就可节约大量的电能。交流电动机的调速方式有多种，变频调速是高效的最佳调速方案，它可以实现风机的无级调速，并可方便地组成闭环控制系统，实现恒压、恒温或恒风量控制。本任务就是利用变频器对风机的运行速度进行调速控制，从而达到节能的效果。

知识导航

从消耗电能的角度讲，各类风机在工矿企业中所占的比例是所有生产机械中最大的，达 33%。大多数风机属于二次方律负载，采用变频调速后节能效果极好，可节电风机应用广泛，但常用的方法则是调节风门或挡板开度的大小来调整受控对象，这样，就使得能量以风门、挡板的节流损失消耗掉了。因此，采用变频调速可以节能 30%～60%。

负载转矩 T_L 和转速 n_L 之间的关系可用下式表示：

$$T_L = T_0 + K_T n_L^2 \tag{6-6}$$

则功率 P_L 和转速 n_L 之间的关系为：

$$P_L = P_0 + K_P n_L^3 \tag{6-7}$$

式中：

P_L、T_L：分别为电动机轴上的功率和转矩。

K_T、K_P：分别为二次方律负载的转矩常数和功率常数。

图 6-9 所示为二次方律负载的机械特性和功率特性曲线。可以看出，当被控对象所需风量减少时，采用变频器降低风机的转速 n，会使电动机的功率损耗大大降低。

① 引风机：引风机是热电厂重要的辅助设备之一，锅炉引风机是锅炉助燃的主要部分，它是将锅炉燃烧产生的高温烟气经水磨除尘、静电除尘器，再经烟囱排出的动力设备。锅炉燃烧时，负荷发生变化，为保证炉堂负压，烟气含氧量及相应气温、气压的相对稳定，需要及时地调整引风机的吸风量，并靠挡板的开度来调节风量的大小。

② 压力变送器：压力变送器被测介质的两种压力通过高、低两压力室，作用在敏感元件

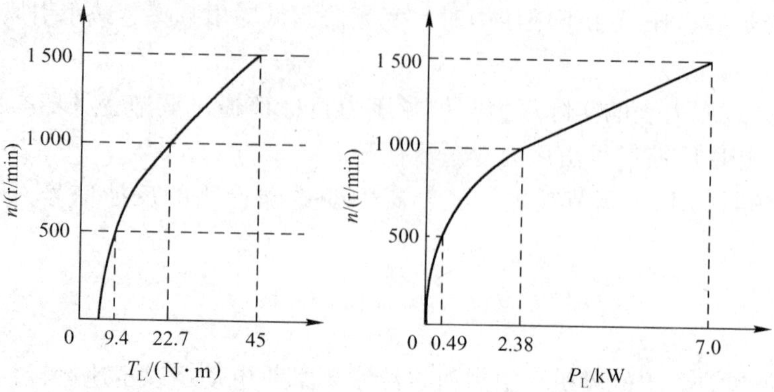

图 6-9 二次方律负载的机械特性和功率特性

的两侧隔离膜片上，通过隔离片和元件内的填充液传送到测量膜片两侧。测量膜片与两侧绝缘片上的电极各组成一个电容器。当两侧压力不一致时，致使测量膜片产生位移，其位移量和压力差成正比，故两侧电容量就不等，通过振荡和解调环节，转换成与压力成正比的信号。

③ 调速系统工作原理：锅炉燃烧时，负荷发生变化。为保证炉堂负压，烟气含氧量及相应气温、气压的相对稳定，需要及时调整引风机的吸风量。根据压力变送器的实时反馈，调节变频器的运行频率，可以实时地调整引风机的吸风量。根据条件，可利用实际锅炉作为实施任务的载体，控制系统主要由压力变送器、变频器、控制器（PID 调节器）、引风机组成，形成压力闭环回路，自动控制引风机的转速，使炉膛保持稳定的微负压。

④ PID 控制：PID 控制是闭环控制中的一种常见形式。反馈信号取自拖动系统的输出端，当输出量偏离所要求的给定值时，反馈信号成比例变化。在输入端，给定信号与反馈信号相比较，存在一个偏差值。对该偏差值，经过 P、I、D 调节，变频器通过改变输出频率，迅速、准确地消除拖动系统的偏差，回复到给定值，振荡和误差都比较小。

风机变频调速系统的设计方法如下：

1. 风机容量选择

风机容量的选择，主要依据被控对象对流量或压力的需求，可查阅相关的设计手册。在对现有的风机进行风机变频调速技术改造，风机的容量应当是现成的。

2. 变频器的容量选择

风机在运转过程中，其阻转矩一般不会发生变化，只要转速不超过额定值，电动机也不会过载。所以，变频器的容量只需按照说明书上标明的“配用电动机容量”进行选择即可。

3. 变频器的运行控制方式选择

依据风机在低速时，由于阻转矩很小，不存在低频时能否带动的问题，故采用 U/f 控制方式已经足够。并且，从节能的角度考虑，U/f 线可选最低的。多数生产厂都生产了比较价廉的专用于风机、水泵的变频器，可以选用。操作人员可以通过调节安装在工作台上的按钮或电位器调节风机的转速，操作十分简单。

4. 变频器的参数预置

(1) 上限频率

因为风机的机械特性具有二次方律特性，所以，一旦转速超过额定转速时，阻转矩将增大很多，容易使电动机和变频器处于过载状态，因此，上限频率f_H不应超过额定频率f_N。

(2) 下限频率

从特性或工作状况来说，风机对下限频率f_L没有要求，但转速太低时，风量太小，在多数情况下无实际意义。故一般可预置为$f_L \geqslant 20$ Hz。

(3) 加、减速时间

风机的惯性很大，加速时间过短，容易产生过电流；减速时间过短，容易引起过电压。一般风机启动和停止的次数很少，启动和停止时间不会影响正常生产。因此，加、减速时间可以设置长些，具体时间可根据风机的容量大小而定。通常是风机容量越大，加、减速时间设置越长。

(4) 加、减速方式

风机在低速时阻转矩很小，随着转速的增高，阻转矩增大得很快；反之，在停机开始时，由于惯性的原因，转速下降较慢。所以，加、减速方式以半S方式比较适宜。

(5) 回避频率

风机在较高速运行时，由于阻转矩较大，较容易在某一转速下发生机械谐振。遇到机械谐振时，极易造成机械事故或设备损坏，因此必须考虑设置回避频率。可采用试验的方法进行预置，先缓慢地在设置的频率范围内反复进行调节，观察产生谐振的频率范围，然后进行回避频率设置。

(6) 启动前的直流制动

为保证电动机在零速状态下启动，许多变频器具有“启动前的直流制动”功能设置。这是因为风机在停机状态下，其风叶常常因自然风而反转，此时风机启动会使电动机处于反接制动状态，从而产生很大的冲击电流。为避免此类情况出现，在启动前首先要进行“启动前的直流制动”功能设置，以保证电动机能够在“零速”状态下启动。

5. 变频器在冷却塔风机控制中的应用（闭环控制）

在中央空调水冷式机组中，使用循环冷却水是最常用的方法之一。为了使机组中加热了的水再降温冷却，重新循环使用，常使用冷却塔。风机为机械通风冷却塔的关键部件，通常都采用户外立式冷却塔专用电动机，具有效率高、耗电省、防水性能好等特点。水在冷却塔滴下时，冷却风机使之与空气较充分地接触，将热量传递给周围空气，将水温降下来。

由于冷却塔的设备容量是根据在夏天最大热负载的条件下选定的，也就是考虑到最恶劣的条件，然而在实际设备运行中，由于季节、气候及工作负载的等效热负载等诸多因素都决定了机组设备经常是处于较低热负载的情况下运行，所以机组的耗电常常是不必要的和浪费的。因此，使用变频调速控制冷却风机的转速，在夜间或在气温较低的季节气候条件下，通过调节冷却风机的转速和冷却风机的开启台数，节能效果就非常显著。冷却水系统能耗是空调系统总能耗的重要组成部分之一。采用截止阀对冷却水流量进行调节将导致能量无谓的浪费，在部分负载时固定冷却水流量以及不对冷却塔风机电动机进行控制也将浪费大量电能。但如果采用变频调速技术对冷却水系统进行控制，则节能可达 60%，具有显著的节能效益。特别对于宾馆、饭店、商场等工作期较长的中央空调系统以及南方地区空调运行期长的其他建筑物空调系统，采用变频节能的空调冷却水系统的投资回收期一般在 1 ~ 2 年，具有非常显著的经济效益。

在典型的冷却塔风机控制系统中，变频器可以利用内置功能，组成以温度为控制对象的闭环控制。图 6-10 所示为典型的冷却塔风机变频控制原理，冷却塔风机的作用是将出水温度降到一定的值，其降温的效果可以通过变频器的速度调整来进行。被控量（出水温度）与设置值的差值经过变频器内置的 PID 控制器后，送出速度命令并控制 PWM 输出，最终调节冷却塔风机的转速。

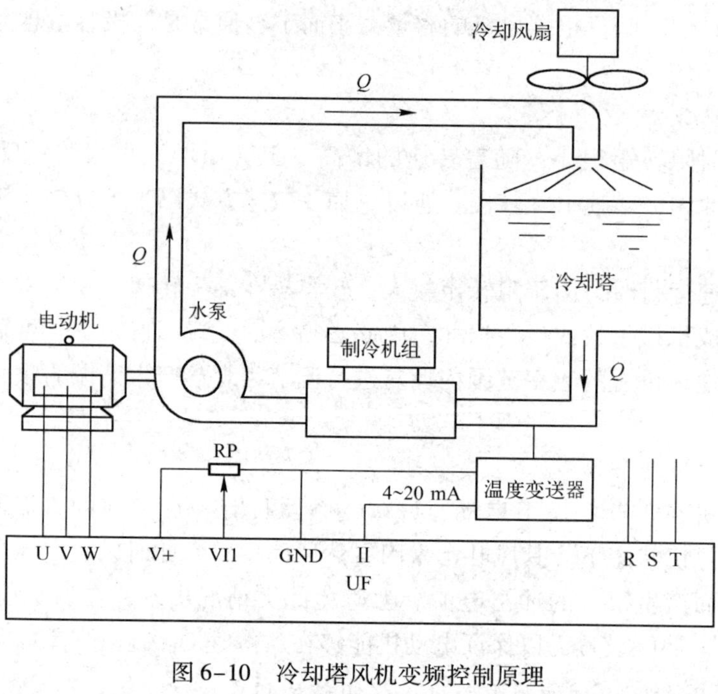

图 6-10　冷却塔风机变频控制原理

在这里，温度信号给定量通过变频器操作面板的参数进行设置，温度反馈量通过出水管路中的温度检测以电流的形式反馈输入，然后通过设置合理的参数就可以获得满意的闭环控制。冷却塔风机采用变频调速控制，还应注意以下几点：

由于冷却塔风机拖动部分的转动惯量一般都较大，所以给定加减速时间要长一些。在实际运转中经常出现在外界风力作用下，冷却塔风机会自转的情况，此时如果启动变频器，电动机会进入再生状态，就会出现跳闸故障。对于变频器应该将启动方式设为转速跟踪再启动。这样一来，变频器在启动前，可通过检测电动机的转速和方向，实施对旋转中电动机的平滑无冲击启动。

由于采用普通电动机，因此应该设置最低运转频率，以保持电动机合适的温升，一般频率下限为 $f_L \geqslant 20$ Hz。

任务实施

操作方法和步骤：

一、按系统要求接线

1. 开环控制模式

系统开环控制框图与电路分别如图 6-11、图 6-12 所示。

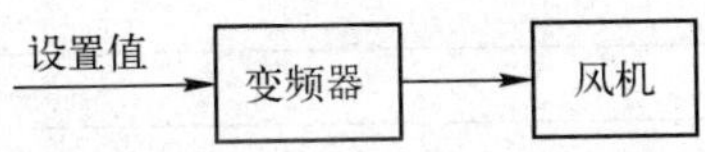

图 6-11　系统开环控制框图

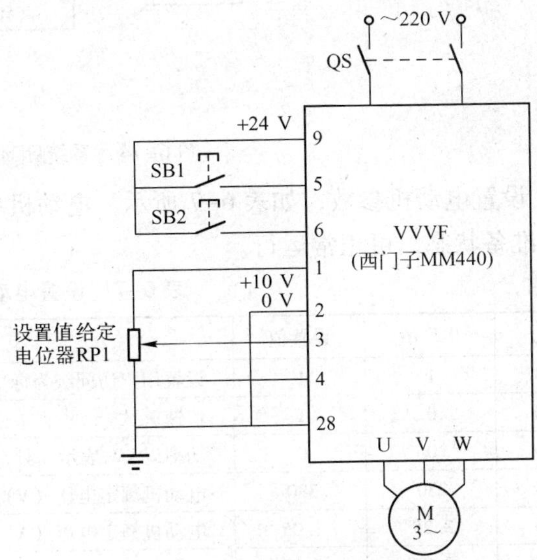

图 6-12　系统开环控制电路

2. 闭环系统模式

本任务主要是对闭环模式进行训练。系统闭环控制框图与电路分别如图 6-13、图 6-14 所示。

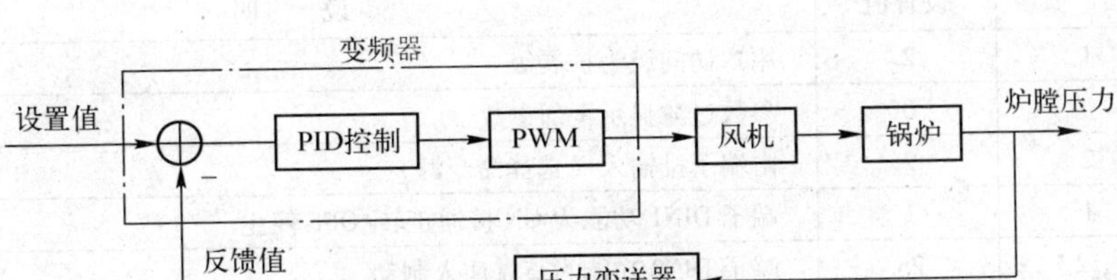

图 6-13　系统闭环控制框图

二、参数设置

① 参数复位。设置 P0010 = 30 和 P0970 = 1，按下 P 键，开始复位，复位过程大约3 s，这样就可保证变频器的参数恢复到工厂默认值。

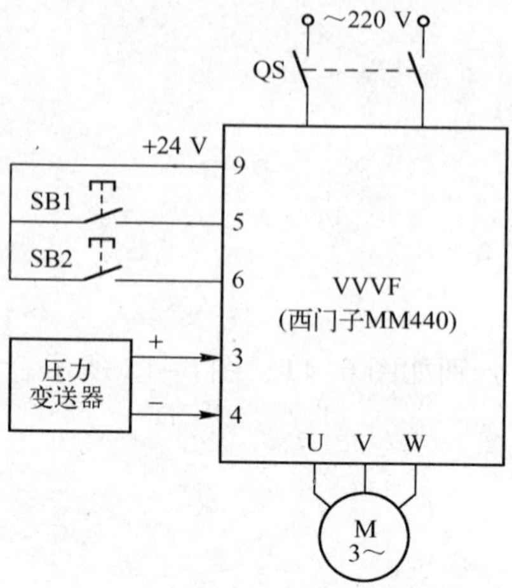

图 6-14 系统闭环控制电路

② 设置电动机参数，如表 6-7 所示。电动机参数设置完成后，设 P0010 = 0，变频器当前处于准备状态，可正常运行。

表 6-7 设置电动机参数

参数号	出厂值	设置值	说明
P0003	1	1	设置用户访问级为标准级
P0010	0	1	快速调试
P0100	0	0	功率以 kW 表示，频率为 50 Hz
P0304	230	380	电动机额定电压（V）
P0305	3. 25	1. 05	电动机额定电流（A）
P0307	0. 75	0. 37	电动机额定功率（kW）
P0310	50	50	电动机额定频率（Hz）
P0311	0	1 400	电动机额定转速（r/min）

③ 设置控制参数，如表 6-8 所示。

表 6-8 设置控制参数

参数号	出厂值	设置值	说明
P0003	1	2	用户访问级为扩展级
P0004	0	0	参数过滤显示全部参数
P0700	2	2	由端子排输入（选择命令源）
* P0701	1	1	端子 DIN1 功能为 ON 接通正转/OFF 停止
* P0702	12	25	端子 DIN2 功能为直流注入制动
* P0703	9	0	端子 DIN3 用
* P0704	0	0	端子 DIN4 用
P0725	1	1	端子 DIN 输入为高电平有效
P1000	2	1	频率设置由 BOP（▼▲）设置
* P1080	0	20	电动机运行的下限频率（Hz）
* P1082	50	50	电动机运行的上限频率（Hz）
P2200	0	1	PID 控制功能有效

④ 设置目标参数，如表6-9所示。

表6-9　设置目标参数

参数号	出厂值	设置值	说　　明
P0003	1	3	用户访问级为专家级
P0004	0	0	参数过滤显示全部参数
P2253	0	2250	已激活的PID设置值（PID设置值信号源）
* P2240	10	60	由面板BOP（▼▲）设置的目标值（%）
* P2254	0	0	无PID微调信号源
* P2255	100	100	PID设置值的增益系数
* P2256	100	0	PID微调信号增益系数
* P2257	1	1	PID设置值斜坡上升时间
* P2258	1	1	PID设置值斜坡下降时间
* P2261	0	0	PID设置值无滤波

当P2232 =0允许反向时，可以用面板BOP键盘上的（▲▼）键设置P2240值为负值。

⑤ 设置反馈参数，如表6-10所示。

表6-10　设置反馈参数

参数值	出厂值	设置值	说　　明
P0003	1	3	用户访问级为专家级
P0004	0	0	参数过滤显示全部参数
P2264	755.0	755.0	PID反馈信号由AIN+（即模拟输入1）设置
* P2265	0	0	PID反馈信号无滤波
* P2267	100	100	PID反馈信号的上限值（%）
* P2268	0	0	PID反馈信号的下限值（%）
* P2269	100	100	PID反馈信号的增益（%）
* P2270	0	0	不用PID反馈器的数学模型
* P2271	0	0	PID传感器的反馈形式为正常

⑥ 设置PID参数，如表6-11所示。

表6-11　设置PID参数

参数号	出厂值	设置值	说　　明
P0003	1	3	用户访问级为专家级
P0004	0	0	参数过滤显示全部参数
* P2280	3	25	PID比例增益系数
* P2285	0	5	PID积分时间
* P2291	100	100	PID输出上限（%）
* P2292	0	0	PID输出下限（%）
* P2293	1	1	PID限幅的斜坡上升/下降时间（s）

三、检查与调试

① 按下带锁按钮 SB1 时，变频器数字输入端 DIN1 为 ON，变频器启动电动机。当反馈的压力信号发生改变时，将会引起电动机速度发生变化。

若反馈的信号小于目标值（即 P2240 值），变频器将驱动电动机升速；电动机速度上升又会引起反馈的信号变大。当反馈的信号大于目标值时，变频器又将驱动电动机降速，从而又使反馈的电流信号变小；当反馈的信号小于目标值 *A* 时，变频器又将驱动电动机升速。如此反复，能使变频器达到一种动态平衡状态，变频器将驱动电动机以一个动态稳定的速度运行。

② 如果需要，则目标设置值（P2240 值）可直接通过按操作面板上的（▲▼）键来改变。当设置 P2231 = 1 时，由（▲▼）键改变了的目标设置值将被保存在内存中。

③ 放开带锁按钮 SB1，数字输入端 DIN1 为 OFF，电动机停止运行。

④ 按下带锁按钮 SB2 时，电动机直流制动，此功能用于启动前的电动机运行准备，防止启动时电动机处于低速反转状态而出现的短暂反接制动运行情况。

综合评价

完成任务后，对照下表，查看这些能力点是否都掌握了，在相应的方框中打勾。

序　号	能 力 点	掌 握 情 况
1	根据设计图进行电路接线	□是　□否
2	参数设置	□是　□否
3	程序编写	□是　□否
4	通电调试并记录测量	□是　□否

思考与练习

1. 简述变频调速的节能原理。
2. 简述对鼓风机进行变频调速改造的步骤。
3. 通过端子选择 7 个目标值的 PID 控制。
4. 改变 PID 参数设置，比较运行效果。
5. 风机的变频调速采用西门子系统，若改为三菱变频器如何实现参数的设置？

任务 3　变频器在中央空调节能中的应用

任务描述

某中央空调冷却系统有 3 台水泵，现采用变频调速，整个系统由 PLC 和变频器配合实现自动恒温控制。具体控制要求如下：

① 按设计要求每次运行两台，一台备用，10 天轮换一次。

② 冷却进回水温差超出上限温度时，一台水泵全速运行，另一台变频高速运行；冷却进回水温差小于下限温度时，一台水泵变频低速运行，另一台停机。

③ 3 台水泵分别由电动机 M1、M2、M3 拖动，全速运行由接触器 KM1、KM2、KM3 控制，变频调速分别由接触器 KM4、KM5、KM6 控制。

④ 变频器调速通过 7 段速控制来实现。

任务分析

通常中央空调系统中的冷冻水泵、冷却水泵不能自动调节负载，几乎长期在 100% 负载下运行，造成了能量的极大浪费，故对其进行节能改造具有重要意义。由于设计时，中央空调系统必须按天气最热、负荷最大的情况进行设计，并且要留 10% ~20% 设计余量，然而实际上绝大部分时间空调是不会运行在满负荷状态下，故存在较大的富裕，所以节能的潜力就较大。其中，冷冻主机可以根据负载变化随之加载或减载，冷冻水泵和冷却水泵却不能随负载变化做出相应调节，故存在很大的浪费。水泵系统的流量与压差是靠阀门和旁通调节来完成，因此，不可避免地存在较大截流损失和大流量、高压力、低温差的现象，不仅浪费大量电能，而且还造成中央空调末端达不到合理效果的情况。为了解决这些问题，需使水泵随着负载的变化调节水流量并关闭旁通。将变频技术引入中央空调系统，保持室内恒温，对其进行节能改造是降本增效的一条捷径。

知识导航

随着电力电子技术、微电子技术、计算机技术、传感器技术的迅速发展及人们生活水平的不断提高，人们对家电产品提出了更高的消费要求。为此，生产厂家不断开发出新一代更高档的家电产品，以满足和适应不同消费阶层的生活追求，变频家电是新一代家用电器发展趋势之一。它不但给这些家电产品带来功能的增加、性能的改善，而且具有明显的节能效果和降噪效果，同时使整机寿命较传统家电有明显提高。

中央空调系统是现代大型建筑物不可缺少的配套设施之一，电能的消耗非常大，约占建筑物总电能消耗的 50%。由于中央空调系统都是按最大负载并增加一定余量设计，而实际上在一年中，满负载下运行最多只有十多天，甚至十多个小时，几乎绝大部分时间负载都在 70% 以下运行。

一、中央空调系统的组成和原理

典型中央空调系统如图 6-15 所示，主要由冷冻水循环系统、冷却水循环系统及主机 3 部分组成。

1. 冷冻水循环系统

由冷冻泵、室内风机及冷冻水管道等组成。从主机蒸发器流出的低温冷冻水由冷冻泵加压送入冷冻水管道（出水），进入室内在各个房间内进行热交换，带走房间内的热量，使房间内的温度下降，最后回到主机蒸发器（回水）。室内风机用于将空气吹过冷冻水管道，加速室内热交换。

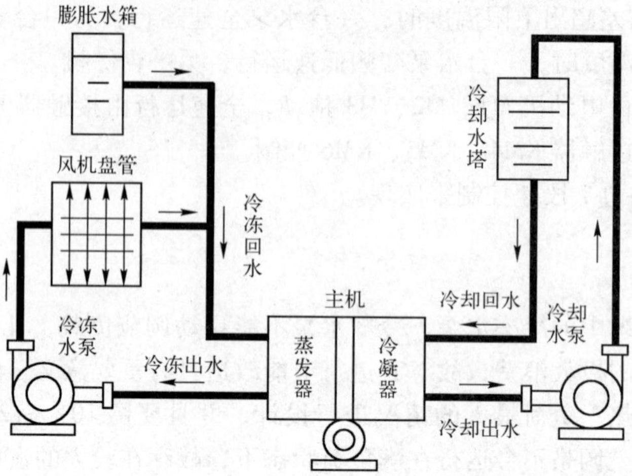

图 6-15 中央空调系统构成示意图

2. 冷却水循环系统

由冷却泵、冷却水管道及冷却水塔等组成。冷冻水循环系统进行室内热交换的同时，必将带走室内大量的热能，该热能通过主机内冷媒传递给冷却水，使冷却水温度升高，冷却泵将升温后的冷却水压入冷却水塔（出水），使之在冷却塔中与大气进行热交换，降温后送回到主机冷凝器（回水），如此不断循环，带走冷冻机组释放的热量。

3. 主机

由压缩机、蒸发器、冷凝器及冷媒（制冷剂）等组成，其工作循环过程如下：

首先，低压气态冷媒被压缩机加压后进入冷凝器并逐渐冷凝成高压液体。在冷凝过程中，冷媒会释放大量的热能，这部分热能被冷凝器中的冷却水吸收并送到室外的冷却水塔里，最终释放到空气中。

随后，冷凝器中的高压液态冷媒在流经蒸发器前的节流降压装置时，因压力的突变而气化，形成气液混合物进入到蒸发器，冷媒在蒸发器中不断气化，同时吸收冷冻水中的热量使其达到较低温度。

最后，蒸发器中气化后的冷媒又变成了低压气体，重新进入压缩机，如此循环工作。

二、中央空调变频调速系统的节能控制原理

中央空调变频调速的控制依据是：冷冻水和冷却水两个循环系统完成中央空调的外部热交换，而循环水系统的回水与出水温度之差，反映了需要进行热交换的热量。因此，根据回水与出水温度之差来控制循环水的流动速度，从而控制进行热交换的速度，这是比较合理的控制方法。冷冻水循环系统和冷却水循环系统略有不同，具体控制如下：

1. 冷冻水循环系统的控制

由于冷冻水的出水温度是冷冻机组冷冻的结果，常常是比较稳定的。因此，单是回水温度的高低就足以反映室内的温度。所以，冷冻水泵的变频调速可以简单地根据回水温度来进

行控制。回水温度高，则说明室内温度高，应提高冷冻水泵的转速，加快冷冻水的循环速度；反之，回水温度低，说明室内温度低，可降低冷冻水泵的转速，减缓冷冻水的循环速度，以节约能源。简言之，对于冷冻水循环系统，控制依据是回水温度，即通过变频调速来实现回水的恒温控制。

2. 冷却水循环系统的控制

由于冷却水的进水温度就是冷却水塔的水温，随环境温度等因素影响而变化，单侧水温不能反映冷冻机组内产生热量的多少。因此，对于冷却水泵，以其进水和回水作为控制依据，实现进水和回水的恒温差控制是比较合理的。温差大，则说明冷冻机组产生的热量大，应提高冷却水泵的转速，增大冷却水的循环速度；反之，则可减缓冷却水的循环速度，以节约能源。

三、中央空调节能改造的方案

由于中央空调系统通常分为冷冻水和冷却水两个循环系统，可分别对水泵系统采用变频器进行节能改造。

1. 冷冻水循环系统的闭环控制

冷冻水循环系统的闭环控制原理如图6-16所示。

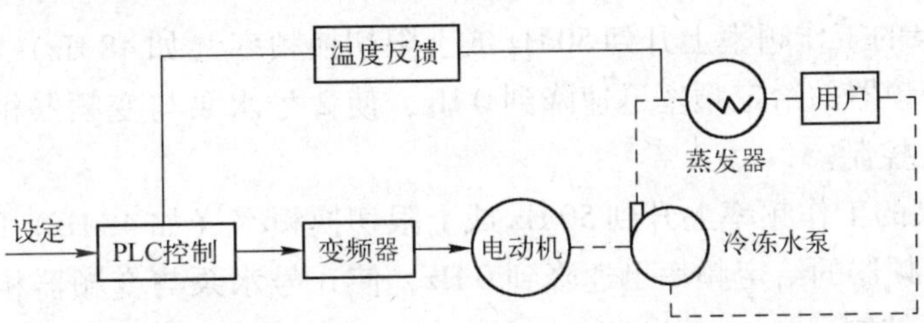

图6-16　冷冻水循环系统的闭环控制原理

控制原理如下：通过温度传感器，将冷冻水泵的回水温度和出水温度送入温差控制模块，并计算出温差值，然后通过温度A/D模数转换成控制信号传送到PLC，由PLC来控制变频器的输出频率，从而控制冷冻水泵电动机转速，调节出水的流量，控制热交换的速度。温差大，说明室内温度高，系统负荷大，应提高冷冻水泵的转速，加快冷冻水的循环速度和流量，加快热交换的速度；反之，温差小，则说明室内温度低，系统负荷小，可降低冷冻水泵的转速，减缓冷冻水的循环速度和流量，减缓热交换的速度以节约电能。制冷模式下冷冻水泵系统冷冻回水温度大于设置温度时频率应上调；但在制热模式下，它与制冷模式有些不同，冷冻回水温度小于设置温度时频率应上调，温度传感检测到的冷冻水回水温度越高，变频器的输出频率越低。

2. 冷却水循环系统的闭环控制

冷却水循环系统的闭环控制原理如图6-17所示。

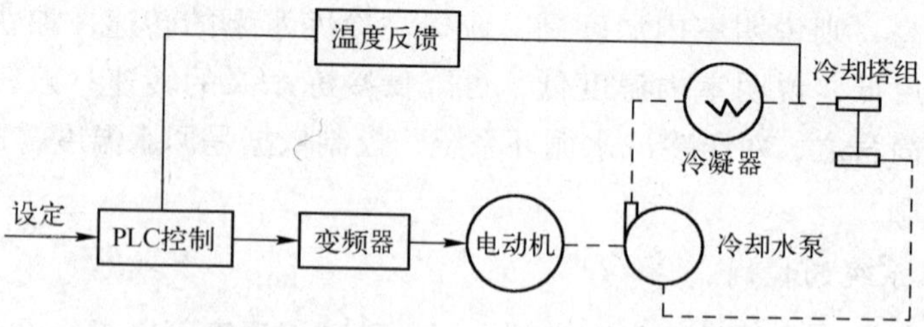

图 6-17　冷却水循环系统的闭环控制原理

由于冷却机组运行时，其冷凝器的热交换能量是由冷却水带到冷却塔散热降温，再由冷却水泵送到冷凝器进行不断循环的。冷却水进水、出水温差大，说明冷却机组负荷大，需冷却水带走的热量大，应提高冷却水泵的转速，加大冷却水的循环量；温差小，则说明冷却机负荷小，需带走的热量小，可降低冷却水泵的转速，减小冷却水的循环量，以节约电能。

3. 中央空调变频调速的控制方案

中央空调的水循环系统一般都由若干台水泵组成，采用变频调速时，一般有两种方案：

(1) 一台变频器方案

若干台冷冻水泵由一台变频器控制，若干台变频器由另外一台变频器控制。各台水泵之间的切换方法如下：

① 先启动 1 号水泵，进行恒温度（差）控制。

② 当 1 号水泵的工作频率上升到 50 Hz 或上限切换频率（如 48 Hz）时，将它切换至工频电源；同时将变频器的给定频率迅速降到 0 Hz，使 2 号水泵与变频器相连，并开始启动，进行恒温度（差）控制。

③ 当 2 号水泵的工作频率上升到 50 Hz 或上限切换频率（如 48 Hz）时，将它切换至工频电源；同时将变频器的给定频率迅速降到 0 Hz，使 3 号水泵与变频器相连，并开始启动，进行恒温度（差）控制。

④ 当 3 号水泵的工作频率下降至下限频率切换频率时，将 1 号水泵停机。

⑤ 当 3 号水泵的功率频率再次下降至下限切换频率时，将 2 号水泵停机，此时只有 3 号水泵处于变频调速状态。

这种方案的优点是只用一台变频器，设备投资少；缺点是节能效果稍差。

(2) 全变频方案

即所有的冷冻水泵和冷却水泵都采用变频调速，各台水泵切换方法如下：

① 先启动 1 台水泵，进行恒温度（差）控制。

② 当 1 号水泵的工作频率上升到 50 Hz 或上限切换频率（如 48 Hz）时，启动 2 号水泵，1 号水泵和 2 号水泵同时进行变频调速，进行恒温度（差）控制。

③ 当工作频率又上升至切换频率上限值时，启动 3 号水泵，3 台水泵同时进行变频调速，进行恒温度（差）控制。

④ 当 3 台变频器同时运行，而工作频率下降至设置的下限切换频率时，可关闭 3 号水泵，使系统进行两台水泵运行的状态，当频率继续下降至下限切换频率时，关闭 2 号水泵，进入单台水泵运行状态。

全变频方案由于每台水泵都要配置变频器，故设备投资较高，但节能效果更明显。

任务实施

一、电路设计及接线

应用三菱 FR－A540 变频器构成的冷冻或冷却水循环系统变频调速控制电路图。主电路接线和 PLC 与变频器的控制接线如图 6-18 和图 6-19 所示。

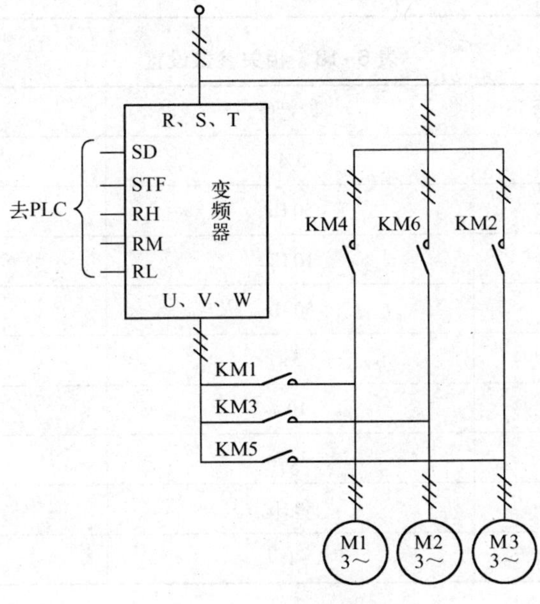

图 6-18　主电路接线

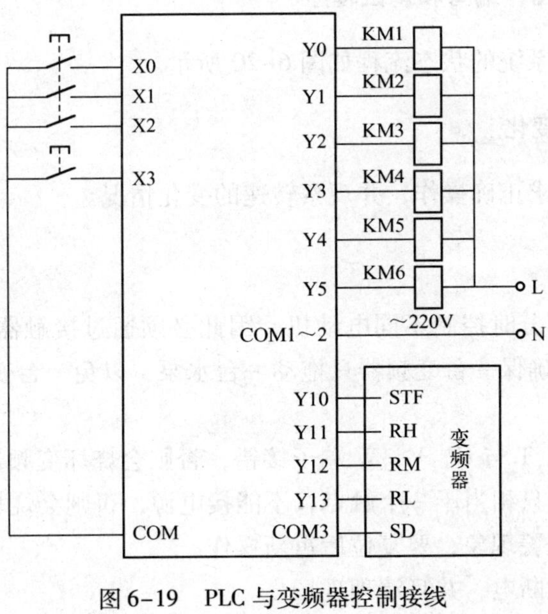

图 6-19　PLC 与变频器控制接线

二、参数设置

变频调速通过变频器的 7 段速度实现控制，需要设置的参数如表 6-12 和表 6-13 所示。

表 6-12　7 段速参数

速度	1 挡	2 挡	3 挡	4 挡	5 挡	6 挡	7 挡
参数号	Pr. 4	Pr. 5	Pr. 6	Pr. 24	Pr. 25	Pr. 26	Pr. 27
设置值	10	15	20	25	30	40	50

表 6-13　相关参数设置

参数号	设置值	意　义
Pr. 0	3%	启动时的转矩
Pr. 1	50 Hz	上限频率
Pr. 2	10 Hz	下限频率
Pr. 3	50 Hz	基底频率
Pr. 7	5 s	加速时间
Pr. 8	10 s	减速时间
Pr. 9	6	电子过电流保护
Pr. 20	50 Hz	加减速基准频率
Pr. 78	1	防逆转

三、根据状态流程图，编写和调试程序

根据控制功能，该系统的状态流程如图 6-20 所示。

四、通电观察转速变化

通电后按照控制要求正确操作，并观察转速的变化情况。

五、注意事项

① 由于一台变频器分时控制不同电动机，因此必须通过接触器、起停按钮、转换开关进行电气和机械互锁以确保一台变频器只拖动一台水泵，以免一台变频器同时拖动两台水泵而过载。

② 切不可将 R、S、T 与 U、V、W 端子接错，否则会烧坏变频器。

③ PLC 的输出端子只相当于一个触点，不能接电源，否则会烧坏电源。

④ 运行中若出现报警现象，要复位后重新操作。

⑤ 操作完成后注意断电，并且清理现场。

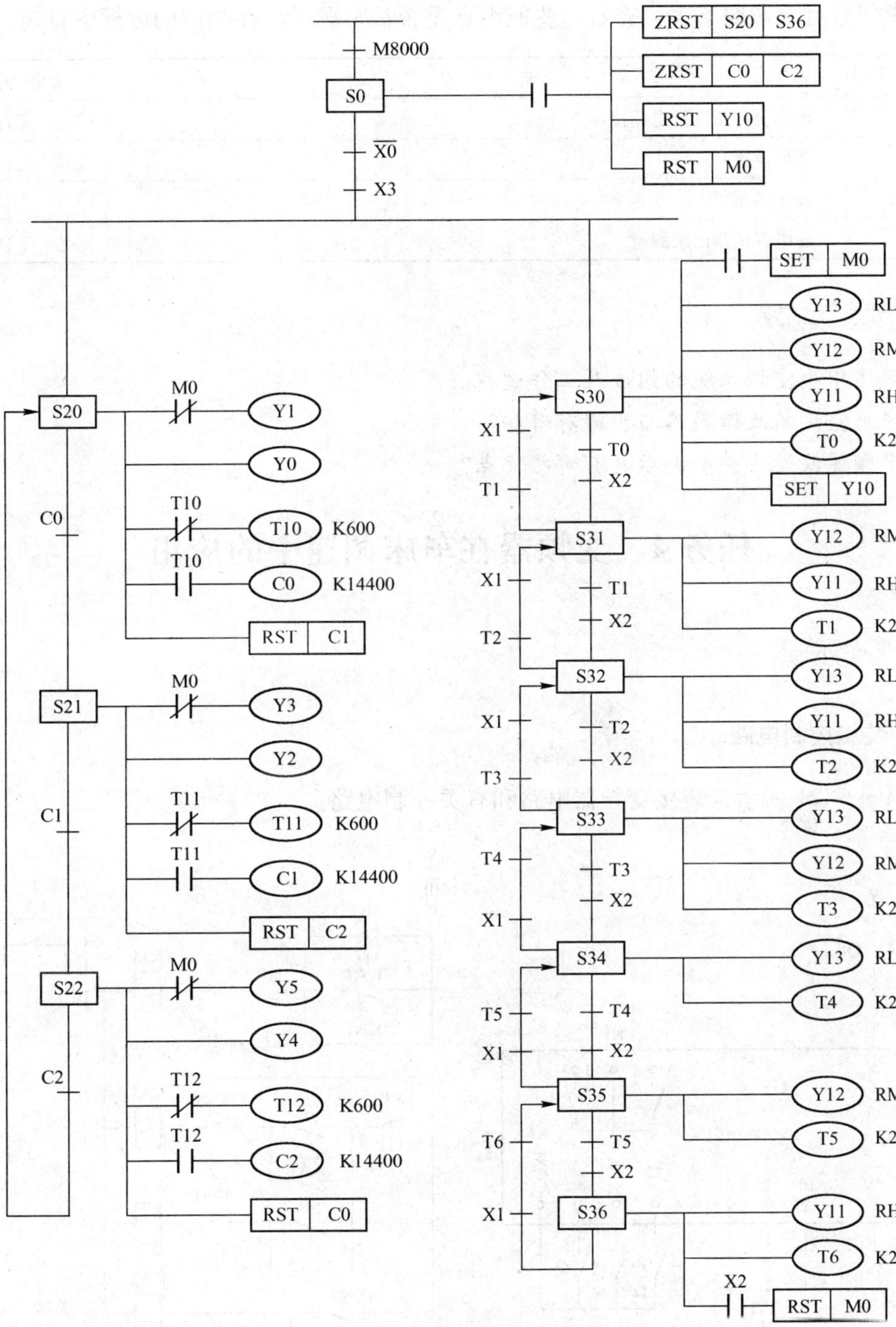
M8000
S0
ZRST S20 S36
ZRST C0 C2
RST Y10
RST M0
X0
X3
S20
M0
Y1
Y0
T10
T10 K600
T10
C0 K14400
RST C1
C0
S21
M0
Y3
Y2
T11
T11 K600
T11
C1 K14400
RST C2
C1
S22
M0
Y5
Y4
T12
T12 K600
T12
C2 K14400
RST C0
C2
SET M0
Y13 RL
Y12 RM
Y11 RH
T0 K20
SET Y10
S30
X1
T0
X2
T1
S31
Y12 RM
Y11 RH
T1 K20
X1
T1
X2
T2
S32
Y13 RL
Y11 RH
T2 K20
X1
T2
X2
T3
S33
Y13 RL
Y12 RM
T3 K20
T4
T3
X2
X1
S34
Y13 RL
T4 K20
T5
T4
X1
X2
S35
Y12 RM
T5 K20
T6
T5
X2
X1
S36
Y11 RH
T6 K20
X2
RST M0

图6-20 控制流程

综合评价

完成任务后，对照下表，查看这些能力点是否都掌握了，在相应的方框中打勾。

序　号	能 力 点	掌 握 情 况
1	根据设计图进行电路接线	□是　□否
2	参数设置	□是　□否
3	程序编写	□是　□否
4	通电调试并记录测量	□是　□否

思考与练习

1. 简述中央空调系统的组成及工作过程。
2. 中央空调的改造思路与步骤有哪些？
3. 变频器改造中央空调后具有哪些优点？

任务4　变频器在车床调速中的应用

任务描述

一、装接控制电路

按照图6-21所示，装接变频器电路和有关控制电路。

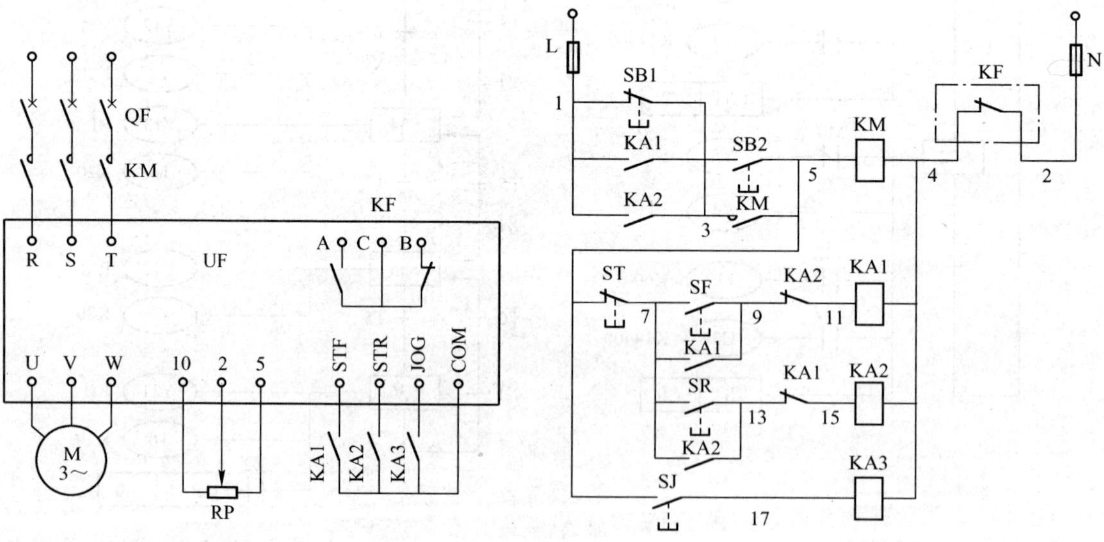

（a）变频器电路　　（b）控制电路

图6-21　车床变频调速的控制电路

二、设置功能参数

按照控制要求，对下列功能参数进行预置：

① 基本频率与最高频率：

- 基本频率：在额定电压下，基本频率预置为 50 Hz。
- 最高频率：当给定信号达到最大时，对应的最高频率预置为 100 Hz。

② u/f 预置方法：使车床运行在最低速挡，按最大切削量切削最大直径的工件，逐渐加大 u/f，直至能够正常切削，然后退刀，观察空载时是否因过电流而跳闸。

③ 升、降速时间：考虑到车削螺纹的需要，将升、降速时间预置为 1 s。

④ 电动机的过载保护。

⑤ 点动频率 10 Hz。

任务分析

自动车床对变频器的要求有以下几个方面：不经过停止状态直接由正转状态变为反转状态；变频器的输出频率为 50 Hz 以上；具有急剧减速的再生制动装置，同时具有制动功能，减速结束时不采用机械闸即可完全停车；低速时速度变化率小，运行平滑。

知识导航

在金属切削机床中，车床的应用最为广泛，车床可进行车削外圆、内孔端面、钻孔、铰孔、切槽、切断、螺纹及成形表面等加工工序。主轴上采用变频器可实现无级变速，从而使刀具以最小的磨损产生最高的光洁度和加工精度。

一、车床的主要结构

车床结构主要由床身、主轴变速箱、挂轮箱、进给箱、溜板箱、溜板与刀架、尾座、光杠和丝杠等部分组成，如图 6-22 所示。

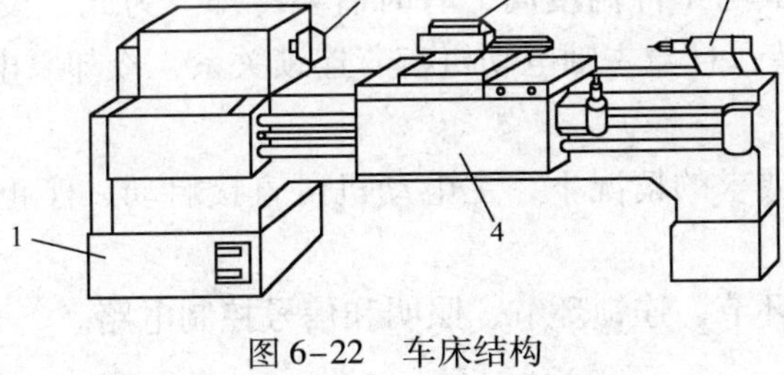

图 6-22　车床结构

1—床身；2—头架；3—刀架；4—进给箱；5—尾架

二、车床的运动情况

为了加工各种表面，车床必须具有切削运动与辅助运动功能。切削运动包括主运动和进给运动，其中主运动是指卡盘带动工件的旋转运动，进给运动是指溜板与刀架或尾座顶针带动刀具的直线运动，而切削运动以外的其他必需的运动皆为辅助运动。

车床在进行切削加工时，主轴旋转是由主轴电动机经传动机构拖动的，车床的主运动承受车削加工时的主要切削功率。车床的主运动要求调速，并且调速的范围往往较大。例如，CA6140 型普通机床的调速范围为 120∶1，但车床主运动的调速一般都在停机的情况下进行，在切削过程中是不能进行调速的。这为在进行变频调速时采用多挡传动比方案的可行性提供了基础。车削加工时，一般不要求反转，但加工螺纹时，为了避免乱扣，要反转退刀，再纵向进刀继续加工，这就要求主轴能够实现正、反向旋转。

车床的进给运动是刀架的纵向与横向直线运动，其运动方式有手动控制和自动控制两种。车削螺纹时，工件的旋转速度与刀具的进给速度应有严格的比例关系。车床纵、横两个方向的进给运动是由主轴箱的输出经挂轮箱、丝杠传入溜板箱而获得的。此外，为提高效率，减少辅助工时，还可以快速进给。

数控车床的主轴如果采用齿轮变速，其速度最多只有 30 段可供选择，难以进行精密恒定线速度控制，且需要按时定期维修离合器。直流型主轴虽然可以无级调速，但必须维护换向器，其最高转速亦受到限制。数控车床的主轴若采用变频器控制即可消除这些限制，可对标准电动机直接变速传动，因此可以去掉离合器，实现主轴的无级调速。

任务实施

一、从车削工艺的要求出发，对各电动机的控制要求

① 通常车削加工近似于恒定功率负载，同时考虑经济性、工作可靠性等因素，主电动机选用笼形异步电动机。

② 为了满足车削加工调速范围大的要求，车床主轴一般采用机械变速方法。

③ 车削螺纹时，要求主轴能正、反向旋转。对于小型车床，主轴正反转由主电动机正反转来实现；当主电动机容量较大时，主轴正反转采用电磁摩擦离合器的机械方法来实现。

④ 车削螺纹时，刀架移动与主轴旋转运动之间必须保持准确的比例关系，所以刀架移动都是由主轴箱通过一系列齿轮转动来实现的。因此，主运动和进给由一台电动机拖动。

⑤ 车削加工时，刀具与工件温度高，有时需要冷却。为此，设有一台冷却泵，冷却泵电动机只需要单方向旋转，且与主轴电动机有着连锁关系，冷却泵电动机还应设有单独操作的控制开关。

⑥ 在电网容量满足要求的情况下，主电动机可直接启动、停止，否则应该采用减压启动控制的方法。

⑦ 具有必要的保护环节、连锁环节、照明和信号控制电路。

二、车床变频调速改造

1. 变频器的选择

(1) 变频器的容量

考虑到车床在低速车削毛坯时，常常出现较大的过载现象，且过载时间有可能超过 1 min，因此变频器的容量应比正常的配用电动机容量大。

（2）变频器控制方式的选择

① u/f 控制方式：车床除了在车削毛坯时负荷大小有较大变化外，以后的车削过程中，负荷的变化通常是很小的。因此，就切削精度而言，选择 u/f 控制方式是能够满足要求的。但在低速切削时，需要预置较大的 u/f，在负载较轻的情况下，电动机的磁路常处于饱和状态，励磁电流较大。因此，从节能角度看，u/f 控制方式并不理想。

② 无反馈矢量控制方式：新系列变频器在无反馈矢量控制方式下，已经能够做到在 0.5 Hz 时稳定运行，所以完全可以满足普通车床主拖动系统的要求。由于无反馈矢量控制方式能够克服 u/f 控制方式的缺点，故是一种最佳选择。

③ 有反馈矢量控制：有反馈控制方式虽然是运行性能最为完善的一种方式，但由于需要增加编码器等转速反馈环节，不但增加了费用，编码器的安装也比较麻烦。所以，除非该车床对加工精度有特殊要求，一般没有必要采用此种控制方式。

2. 变频器的频率给定

变频器的频率给定方式可以有多种，应根据具体情况进行选择。

（1）无级调速频率给定

从调速角度看，采用无级调速方案增加了转速的选择性，且电路也比较简单，是一种理想的方案。它可以直接通过变频器的面板进行调速，也可以通过外接点位调速。但在进行无级调速时必须注意：当采用两挡传动比时，存在着一个电动机的有效转矩小于负载机械特性的区域，如图 6-23 所示。其中线圈④为低速挡（传动比较大），曲线④′为高速挡（传动比较小）在这个区域（约为 600～800 r/min）内，当负载较重时，有可能出现电动机带不动的情况。操作工应根据负载的具体情况，决定是否需要避开该转速段。

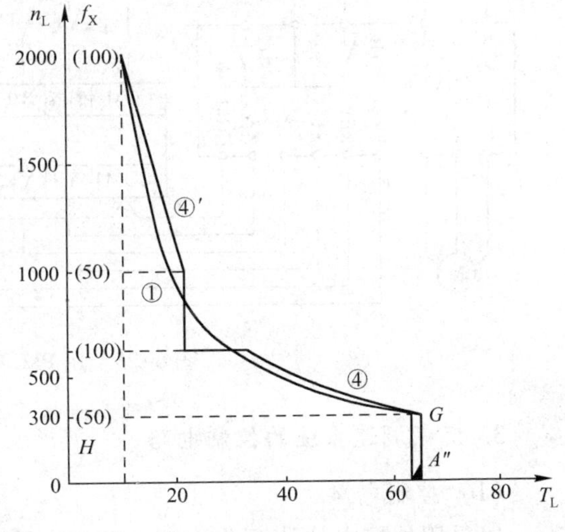

图 6-23 两挡传动比车床机械特性

（2）分段调速给定

由于该车床原有的调速装置是由一个手柄旋转 9 个位置（包括 0 位）控制 4 个电磁离合器来进行调速的，为了防止在改造后操作工一时难以掌握，用户要求调节转速的操作方法不变，故采用电阻分压式给定方法，如图 6-24 所示。图中，各挡电阻值的大小应使各挡的转速与改造前相同。

（3）配合 PLC 的分段调速频率给定

如果车床还需要进行较为复杂的程序控制，可应用可编程控制器（PLC）结合变频器的多挡转速功能来实现，如图 6-25 所示。图中，转速挡 2 由按钮开关（或接触开关）来选择。通过 PLC 控制变频器的外接输入端子 X_1、X_2、X_3 的不同组合，得到 8 挡转速。图中电动机的正转、反转和停止分别由按钮开关 SF、SR、ST 进行控制。

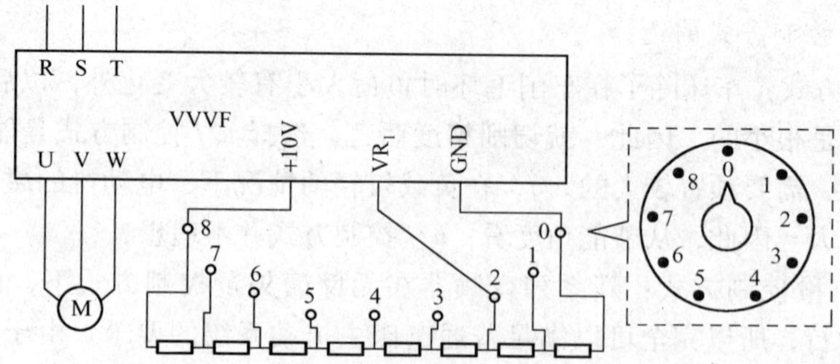

图 6-24　多挡调速给定

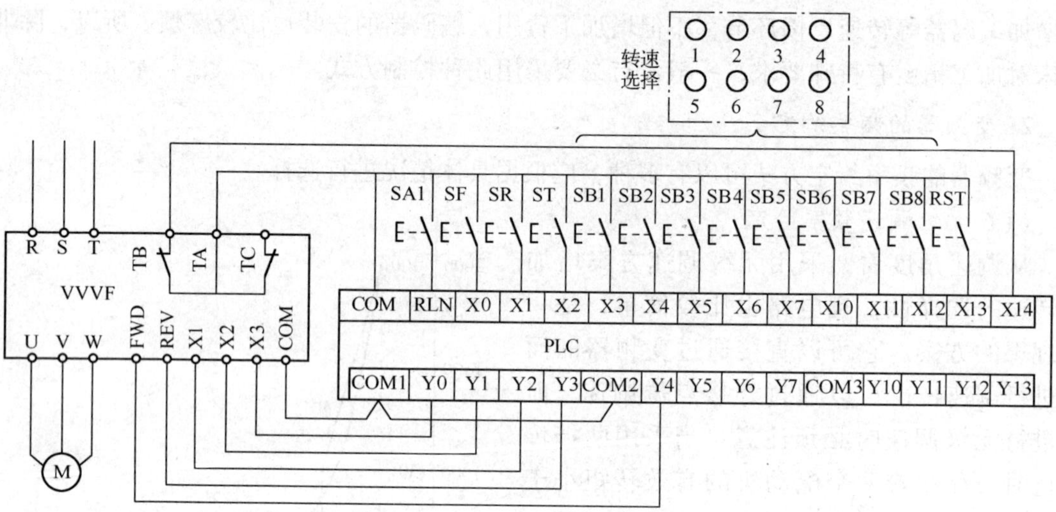

图 6-25　用 PLC 实现分段调速频率给定

3. 变频调速系统的控制电路

(1) 控制电路

以采用外接电位器调速为例，控制电路如图 6-21 所示。图中，接触器 KM 用于接通变频器的电源，由 SB1 和 SB2 控制。继电器 KA1，用于正转，由 SF 和 ST 控制；KA2 用于反转，由 SR 和 ST 控制。

正转和反转只有在变频器接通电源后才能进行；变频器只有在正、反转都不工作时才能切断电源。由于车床需要有点动环节，故在电路中增加了点动控制按钮 SJ 和继电器 KA3。

(2) 主要电气的选择

由于变频器的额定电流为 9 A，根据电气控制的相关性知识可得：

① 空气断路器 Q 的额定电流 I_{QN}：

$$I_{QN} = (1.3 \sim 1.4) \times 9 = 11.7 \sim 12.6\ \text{A}$$

选 $I_{QN} = 20$ A（空气断路器中的最小者）。

② 接触器 KM 的额定电流 I_{KN} 由式可得：

$$I_{KN} \geqslant 9\ \mathrm{A}$$

选 $I_{KN} = 10\ \mathrm{A}$。

③ 调速电位器：选 2 kΩ/2 W 电位器或 10 kΩ/1 W 的多圈电位器。

(3) 变频器的功能预置

① 基本频率与最高频率预置：

- 基本频率：在额定电压下，基本频率预置为 50 Hz。
- 最高频率：给定信号达到最大时，对应的最高频率设置为 100 Hz。

② u/f 预置。预置方法：使车床运行在最低速挡，按最大切削量最大直径的工件，逐渐加大 u/f。直至能够正常切削，然后退刀，观察空载时是否因过电流而跳闸。如不跳闸，则预置完毕。

③ 升、降速时间预置。考虑到车削螺纹的需要，将加、减速时间预置为 1 s。由于变频器容量已经加大了一挡，升速时不会跳闸。为了避免降速过程中跳闸，将降速时的直流电压现值预置为 680 V（过电压跳闸值通常大于 700 V）。经过试验，能够满足工作需要。

(4) 电动机的过载保护

由于所选变频器容量加大一挡，故必须准确预置电子热保护功能。在正常情况下，变频器的电流取用比为

$$I\% = I_{MN}/I_N \times 100\% = 4.8/9 \times 100\% = 53\%$$

所以，将保护电流的百分数预置为 55% 是适宜的。

(5) 点动频率

根据用户要求，一般将点动频率预置为 5 Hz。

综合评价

完成任务后，对照下表，查看这些能力点是否都掌握了，在相应的方框中打勾。

序　号	能 力 点	掌 握 情 况
1	根据设计图进行电路接线	□是　□否
2	参数设置	□是　□否
3	程序编写	□是　□否
4	通电调试并记录测量	□是　□否

思考与练习

1. 车床主拖动系统有哪些运动？对其有什么要求？
2. 如何用变频器实现车床的改造？

项 目 实 训

实训 1　基于 PLC 通信方式的速度闭环定位控制

一、实训目标

① 掌握速度闭环定位控制系统的接线、调试、操作；

② 了解变频器操作面板各按键的含义。

二、实训器材

相关的实训器材如表 6-14 所示。

表 6-14　实 训 器 材

序号	名　称	型号与规格	数量	备注
1	实训装置	THPFSL－2	1	2
2	实训挂箱	C11	1	
3	导线	3 号/4 号	若干	
4	通信编程电缆	SC－09	1	三菱
5	电动机	WDJ26	1	
6	电动机导轨	DD03－6	1	
7	计算机（带编程软件）		1	自备
8	实训指导书	THPFSL－1/2	1	

三、实训步骤

1. 控制要求

① 总体控制要求：PLC 根据输入端的控制信号及脉冲信号，经过程序运算后由通信端口控制变频器运行设置的行程。

② 电动机运行到减速值后开始减速。

③ 电动机运行到设置值后停止运行并锁定。

2. 程序流程图

程序流程图如图 6-26 所示。

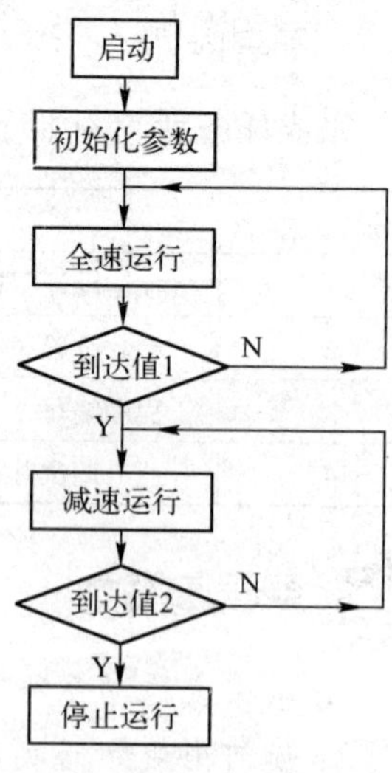

图 6-26　程序流程图

3. 端口分配及接线图

① 端口分配及功能，如表 6-15 所示。

表6-15　端口分配及功能

序号	PLC地址（PLC端子）	电气符号（面板端子）	功能说明
1	X1	脉冲输入	编码器脉冲输入
2	X2	启动开关	程序开始运行
3	转速盒M、主机COM接电源GND		电源负端

② PLC与变频器外部接线图，如图6-27所示。

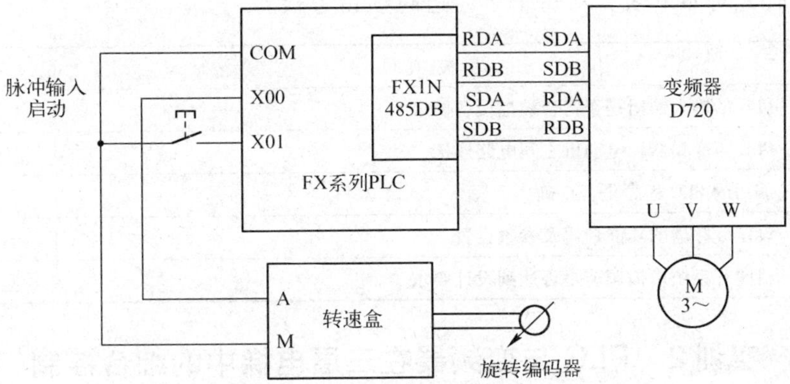

图6-27　PLC与变频器外部接线图

4. 参数功能

参数功能表，如表6-16所示。

表6-16　参数功能表

P8	P160	P30	P79	P117	P118	P119	P120	P121	P122	P123	P124	P340
0	0	1	0	1	48	10	0	9999	9999	9999	0	1

5. 操作步骤

① 检查实训设备中器材及调试程序。

② 按照I/O端口分配表或接线图完成PLC与实训模块之间的接线，认真检查，确保正确无误。

③ 打开示例程序或用户自己编写的控制程序，进行编译，有错误时根据提示信息修改，直至无误，用SC－09通信编程电缆连接计算机串口与PLC通信口，打开PLC主机电源开关，下载程序至PLC中，下载完毕后将通信编程电缆从PLC通信口上取下，再将通信电缆连接变频器通信口与PLC通信口。最后将PLC的RUN/STOP开关拨至RUN状态。

④ 根据参数表设置变频器参数。

⑤ 打开启动开关，变频器启动开始运行，带动电动机运转。

⑥ 电动机在运转过程中带动旋转编码器，经过转速盒的处理后输出脉冲信号到PLC的高速计数器输入端。

⑦ 当计数值达到减速值时，PLC控制变频器降低输出频率，电动机减速运行。

⑧ 当计数值达到设置值时，PLC控制变频器输出短暂直流电压加到电动机上，电动机

停止运行并锁定当前位置，完成定位控制。

6. 实训总结

① 总结记录 PLC 与外围设备的接线过程及注意事项。

② 完成实训报告。

四、能力评价

完成任务后，对照下表，对每个学生进行项目考核。

序　号	考 核 项 目	掌 握 情 况
1	PLC 的输入输出是否符合被控设备要求	□是　□否
2	PLC 与变频器、电动机之间电路连接	□是　□否
3	编写的 PLC 程序是否正确	□是　□否
4	设定变频器的功能代码及参数设置	□是　□否
5	对闭环系统模拟调速是否达到设计要求	□是　□否

实训 2　PLC 与变频器在三层电梯中的综合控制

一、实训目标

① 熟悉 PLC、变频器综合控制的有关参数的确定和设置；

② 能应用基本逻辑指令编制复杂的控制程序；

③ 能设计 PLC、变频器和外围设备的电气原理图。

二、实训器材

① 可编程控制器 1 台（FX2N－48MR）；

② 变频器 1 台（FR－A540－1.5k）；

③ 三层电梯 1 台（三层电梯模型如图 6-28 所示）；

④ 三相笼形异步电动机 1 台；

⑤ 7 段数码管（共阴极）；

⑥ 可调电阻 1 个（1 kW～1/2 W）；

⑦ 电工常用工具 1 套；

⑧ 连接导线若干。

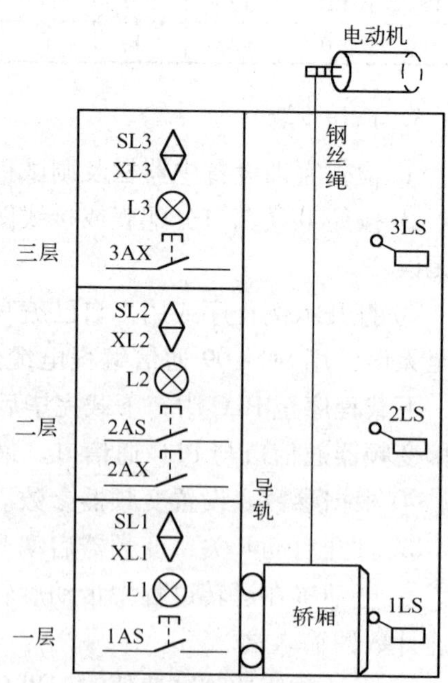

图 6-28　三层电梯的示意图

三、实训步骤

1. 控制要求

① 电梯停在一层或二层时，按 3AX（三楼下呼）

则电梯上行至3LS停止；

② 电梯停在三层或二层时，按1AS（一楼上呼）则电梯下行至1LS停止；

③ 电梯停在一层时，按2AS（二楼上呼）或2AX（二楼下呼）则电梯上行至2LS停止；

④ 电梯停在三层时，按2AS或2AX则电梯下行至2LS停止；

⑤ 电梯停在一层时，按2AS、3AX则电梯上行至2LS停止 t 秒，然后继续自动上行至3LS停止；

⑥ 电梯停在一层时，先按2AX，后按3AX（若先按3AX，后按2AX，则2AX为反向呼梯无效），则电梯上行至3LS停止 t 秒，然后自动下行至2LS停止；

⑦ 电梯停在三层时，按2AX、1AS则电梯运行至2LS停 t 秒，然后继续自动下行至1LS停止；

⑧ 电梯停在三层时，先按2AS，后按1AS（若先按1AS，后按2AS，则2AS为反向呼梯无效），则电梯下行至1LS停 t 秒，然后自动上行至2LS停止；

⑨ 电梯上行途中，下降呼梯无效；电梯下行途中，上行呼梯无效；

⑩ 轿厢位置要求用7段数码管显示，上行、下行用上下箭头指示灯显示，楼层呼梯用指示灯显示，电梯的上行、下行通过变频器控制电动机的正反转。

2. 软件设计

（1）工作原理

电梯主要是由控制部分、驱动部分及曳引部分组成。区别于卷扬机的是，它有交互性、有舒适且安全的乘坐空间。它是将动力电能，通过某种变频装置或直接向驱动装置供电，由驱动装置拖动曳引装置，再通过曳引装置上悬挂的钢丝绳拉动井内轿厢做上下运行工作。所有这些动力驱动是由很多的电气装置、机械装置实现整合工作的。

（2）I/O分配表（见表6-17）

表6-17　I/O分配表

输入设备	输入点	输出设备	输出点
按钮1AS	X1	一楼呼梯指示灯（L1）	Y1
按钮2AS	X2	二楼呼梯指示灯（L2）	Y2
按钮2AX	X10	三楼呼梯指示灯（L3）	Y3
按钮3AX	X3	上行指示灯SL1～SL3	Y4
一楼限位开关1LS	X5	下行指示灯XL1～XL3	Y5
二楼限位开关2LS	X6	上升STF	Y11
三楼限位开关3LS	X7	下降STR	Y12
		7段数码管	Y20～Y26

（3）控制方案

① 各楼层单独呼梯控制，其梯形图如图6-29所示。

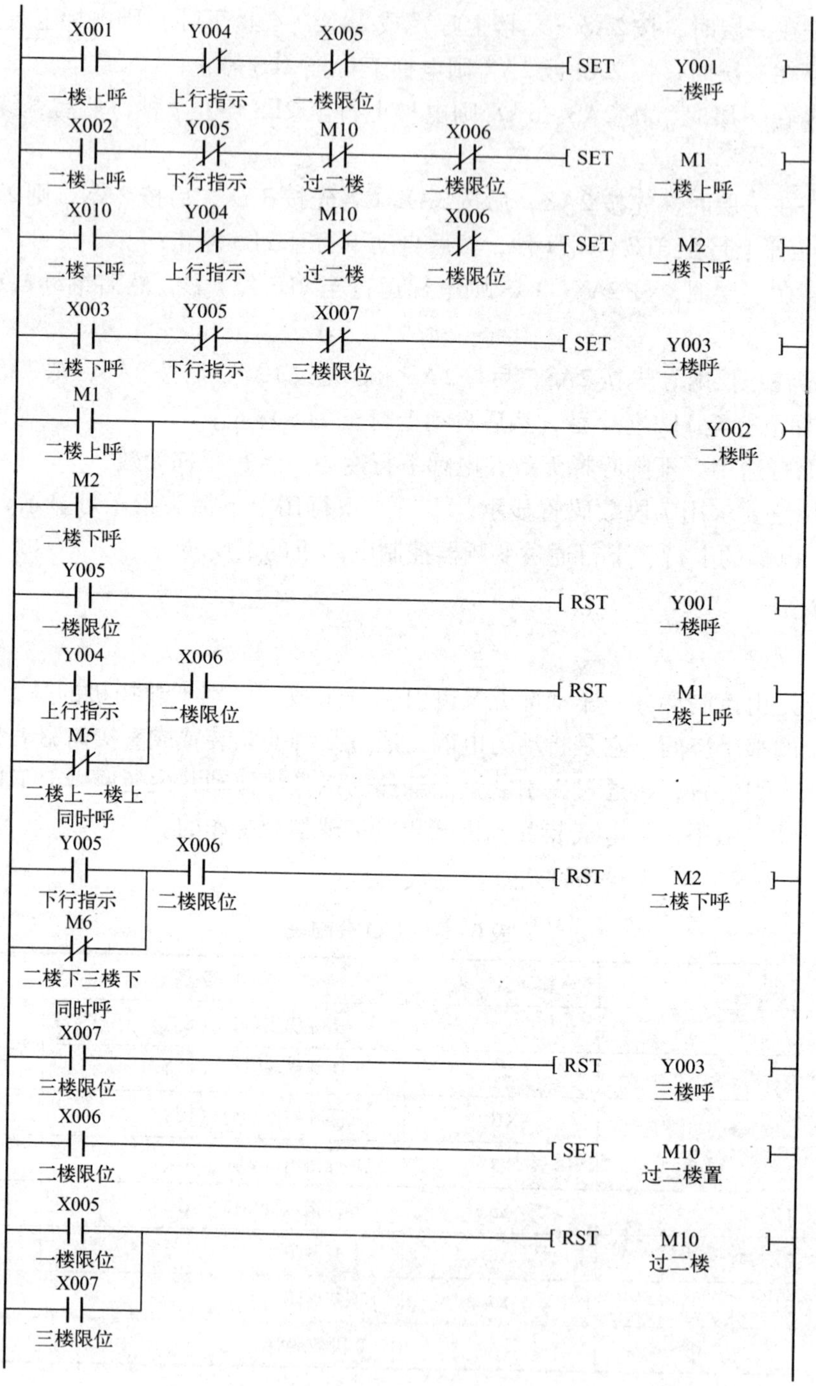

图 6-29　各楼层单独呼梯控制梯形图

② 同时呼梯控制。其梯形图如图 6-30 所示。

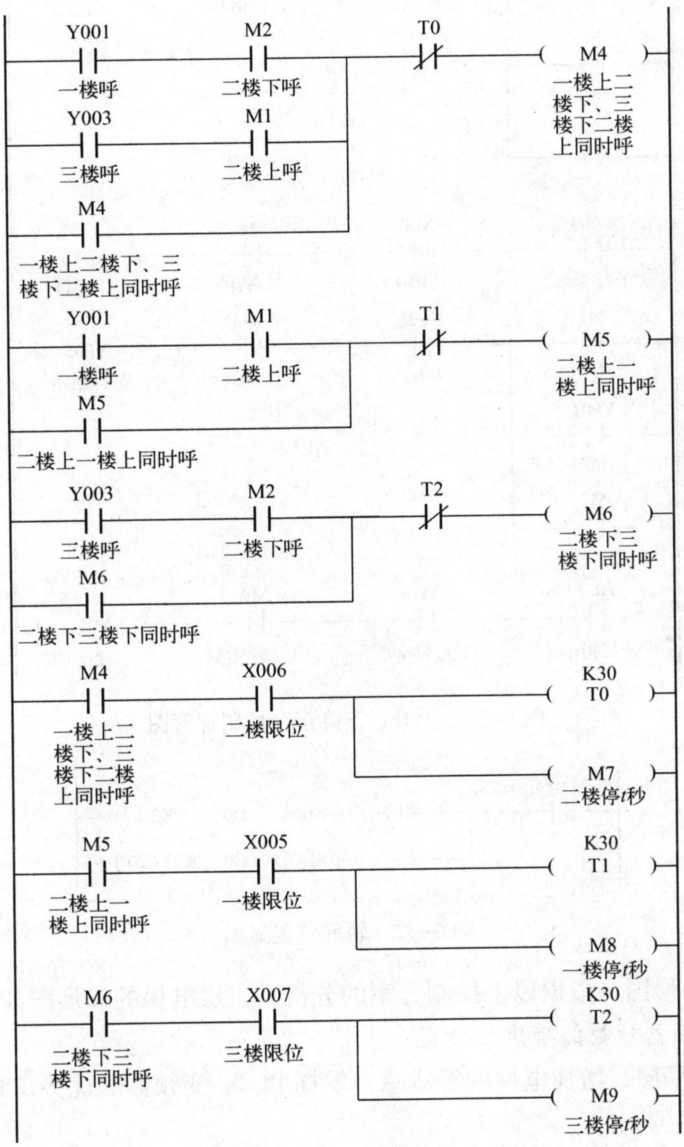

图 6-30　同时呼梯控制梯形图

③ 上升、下降运行控制。其梯形图如图 6-31 所示。

④ 轿厢位置显示。轿厢位置用编码和译码指令通过 7 段数码管来显示，其梯形图如图 6-32 所示。

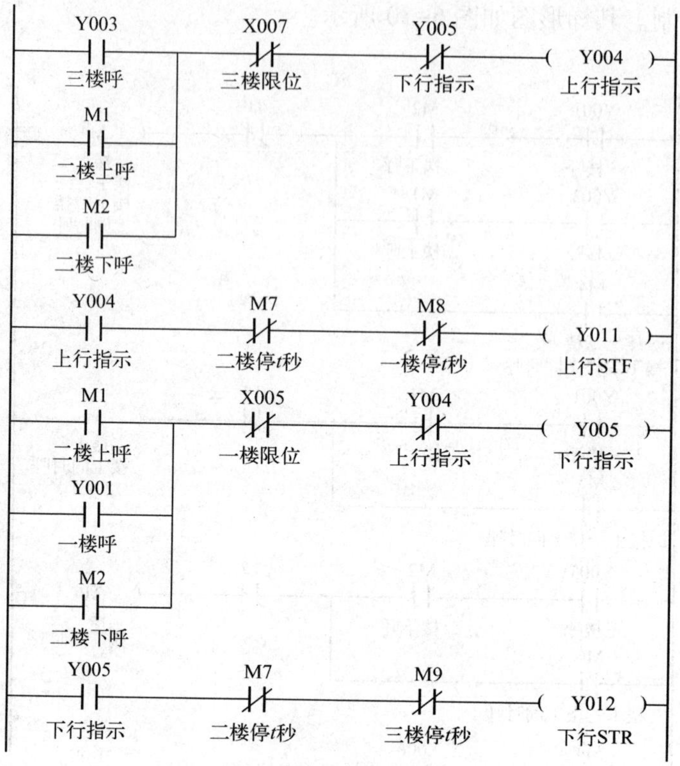

图 6-31 上升、下降运行控制梯形图

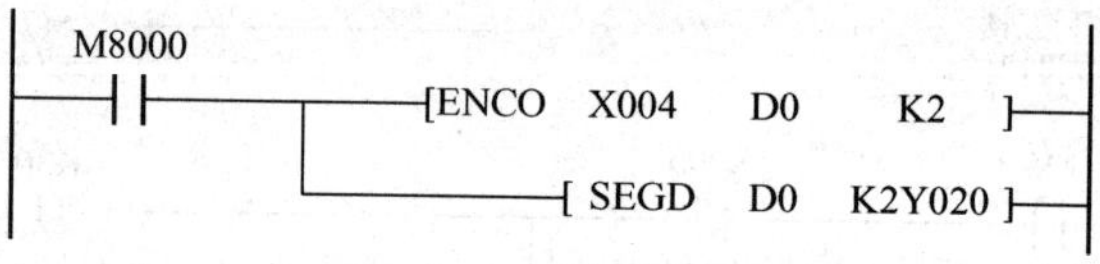

图 6-32 轿厢位置显示

⑤ 电梯控制梯形图。根据以上控制方案的分析，三层电梯的梯形图如图 6-33 所示。

(4) PLC、变频器参数的确定和设置

为使电梯准确平层，增加电梯的舒适感，发挥 PLC、变频器的优势，必须设置如下参数（括号内为参考设置值）：

① 上限频率 Pr.1（50 Hz）；

② 下限频率 Pr.2（5 Hz）；

③ 加速时间 Pr.7（3 s）；

④ 减速时间 Pr.8（4 s）；

⑤ 电子过电流保护 Pr.9（等于电动机额定电流）；

⑥ 启动频率 Pr.13（0 Hz）；

⑦ 适应负荷选择 Pr.14（2）；

⑧ 点动频率 Pr.15（5 Hz）；

⑨ 点动加减速时间 Pr.16（1 s）；

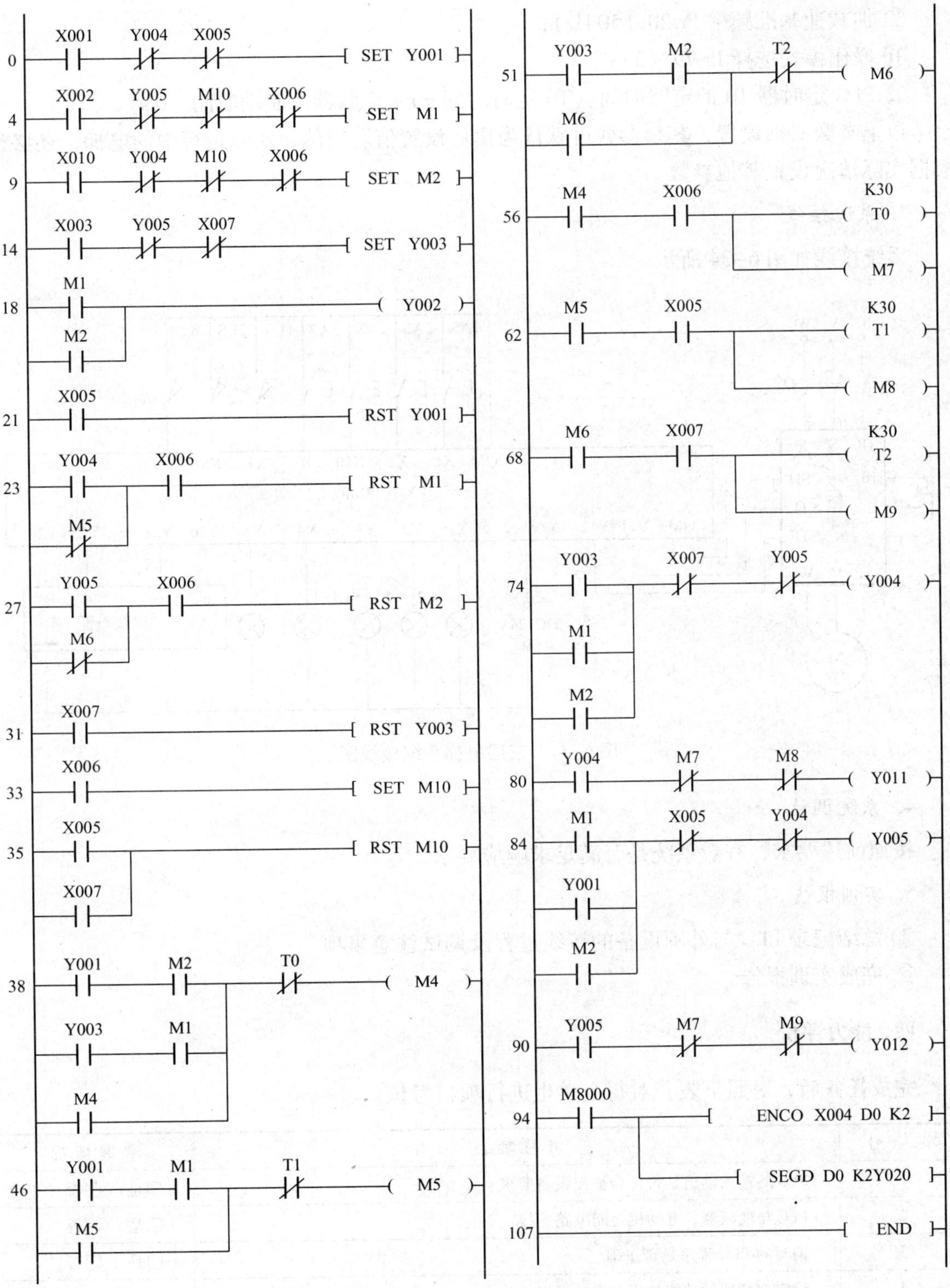

图 6-33　电梯控制梯形图

⑩ 加减速基准频率 Pr.20（50 Hz）；

⑪ 操作模式选择 Pr.79（2）；

⑫ PLC 定时器 T0 的定时时间（T0 定时时间 = t + 变频器的制动时间 = 6 s）。

以上参数必须设置，其余参数可默认为出厂设置值。当然，实际运行中的电梯，还必须根据实际情况设置其他参数。

3. 系统接线

系统接线如图 6-34 所示。

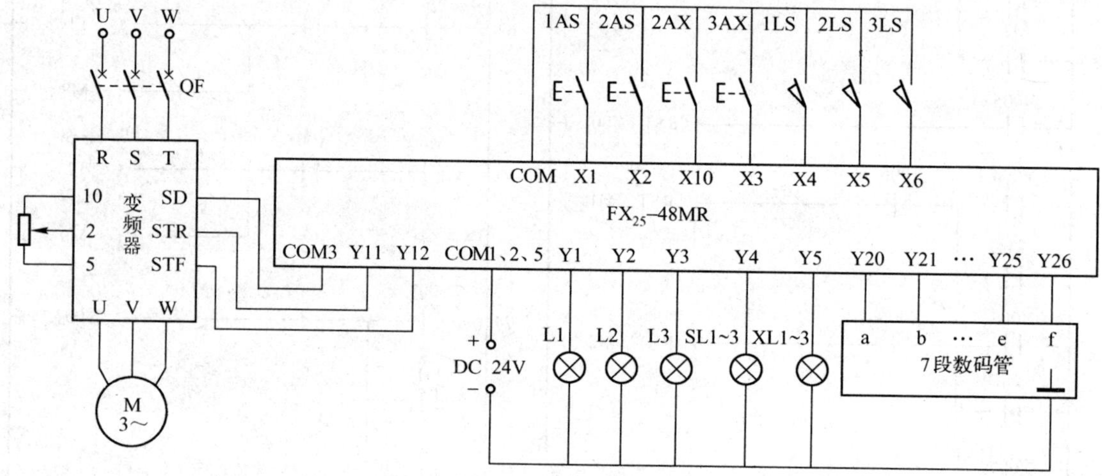

图 6-34 三层电梯系统接线图

4. 系统调试

按照前述要求，查看系统是否满足求响应要求。

5. 实训报告

① 总结记录 PLC 与外围设备的接线过程及调试注意事项。

② 完成实训报告。

四、能力评价

完成任务后，对照下表，对每个学生进行项目考核。

序 号	考 核 项 目	掌 握 情 况
1	PLC 的输入输出是否符合被控设备要求	□是 □否
2	PLC 与变频器、电动机之间电路连接	□是 □否
3	编写的 PLC 程序是否正确	□是 □否
4	设定变频器的功能代码及参数设置	□是 □否

参 考 文 献

[1] 王廷才. 变频器原理及应用 [M]. 2 版. 北京: 机械工业出版社, 2009.

[2] 陈立香. 变频调速 [M]. 北京: 机械工业出版社, 2009.

[3] 马宏骞. 变频调速技术与应用项目教程 [M]. 北京: 电子工业出版社, 2011.

[4] 邓其贵, 周炳. 变频器操作与工程项目应用 [M]. 北京: 北京理工大学出版社, 2009.

[5] 周志敏, 周纪海, 纪爱华. 变频调速系统工程设计与调试 [M]. 北京: 人民邮电出版社, 2009.